アニマルウェルフェアとは何か

倫理的消費と食の安全

JN189448

枝廣 淳子

写真提供・アニマルライツセンター

岩波ブックレット No. 985

はじめに

日本人は一人当たり年間に三三〇個の卵を食べている。世界第三位の「卵食国民」である。食生活の西洋化に伴い、食肉の消費量も増えている。一九六〇年には一人一年当たりの食肉(牛肉・豚肉・鶏肉)供給量は三・五kgだったが、二〇一五年にはその一〇倍近い三〇kg強となっている。

私たちの体を形成するタンパク源として重要な卵や食肉は、多くの人が毎日のように食べているにもかかわらず、どのようにつくられているか、日本ではあまり知られていない。そう痛感したのは、二〇一六年五月に米国オレゴン州へ取材に行ったときだった。環境配慮にとどまらず、社会や地域経済への影響を考慮する「エシカル消費」(倫理的消費)の最新動向を調査するため、ポートランドやユージーン、隣接するワシントン州のシアトルなどいくつかの地域で、主に流通・小売の現場を見て歩いた。スーパーマーケットにしても、レストランやカフェにしても、キーワードは「オーガニック(有機)&ローカル(地産)」だった。

それらの現場で繰り返し目にしたのが、「humanely grown meat(人道的に飼育された肉)」「hormone-free, antibiotics-free meat(成長ホルモンや抗生物質を与えていない肉)」「cage-free eggs(ケージ飼育をしていない鶏の卵)」である。

背景にあるのは、「動物たちは生まれてから死ぬまで、その動物本来の行動をとることができ、幸福(well-being)な状態でなければならない」という「アニマルウェルフェア(animal welfare)」の考え方だ。アニマルウェルフェアは「動物福祉」と訳されるが、最近ではカタカナのまま使われることが多い。

欧米には、このアニマルウェルフェア(以下、適宜AWと略)に配慮した畜産動物の肉や卵の認証制度がいくつもあり、消費者は肉製品、乳製品、卵などに貼られた認証ラベルを見て選ぶことができる。自然食品などで知られるホールフーズ・マーケットは、非営利組織と組んで「5ステップ評価基準」を採り入れ、米国およびカナダの全店舗で、販売しているすべての牛、豚、鶏、七面鳥の食肉がAW的にどのステップにあるかをラベルで示している。

投資家もAWに注目し始めている。BBFAW（Business Benchmark on Farm Animal Welfare：ベンチマークとは比較のための指標のこと）は、企業のAWへの取り組みを調べており、二〇一二年版より毎年報告書が出されている。二〇一八年二月に発表された二〇一七年版の調査レポートには、世界の主要食品企業一一〇社のランキングが掲載されている。それによると、一一〇社のうち、六五%にあたる七二社が包括的なAW方針を公表しており、さらに一〇%にあたる一一社はAW方針宣言を公表している。

そして、二〇一八年四月現在、二六八兆円（一・八兆ポンド）を運用する二三の機関投資家がAWに関する宣言に署名している。食品会社のAWへの意識や取り組み度合いが食品業界への長期投資の価値を左右する重要課題であると認識し、投資家に対して食品会社への投資判断時にこのBBFAWのベンチマークを枠組みとするよう求めているのだ。

BBFAWの調査対象企業は毎年増えており、現在一八カ国にわたる。ちなみに、日本企業は二〇一七年版から、イオングループとセブン&アイホールディングスが取り上げられている。

このようにAWが投資家すら注目する動きになっているのに、日本ではほとんど知られていないのではないか。そう思っていたところにちょうど、二〇二〇年の東京オリンピック・パラリンピックで提供する食材に関する調達基準の議論が始まった。

私は東京オリンピック・パラリンピック組織委員会の中に設けられた専門委員会の一つ「街づく

り・持続可能性委員会」の委員を務め、「脱炭素ワーキンググループ（ＷＧ）」のメンバーである。お隣の「持続可能な調達ＷＧ」で、木材の調達コードに続いて、食材（農作物、畜産物、水産物）の調達基準の議論が二〇一六年八月に始まったのだが、調達ＷＧにはＡＷの専門家がいない。そこで、特別参加させてもらい、世界のＡＷの動向を伝え、ロンドンやリオの五輪に負けないレベルの畜産物の調達コードを策定してほしいと意見した。

このときの議論では、農林水産省やその外郭団体・（公益社団法人）畜産技術協会から出ている特別委員から「日本でも取り組んでおり、日本の現在の基準・やり方で十分である」という趣旨の発言があり、「日本の現状では不十分であるから、東京五輪を意識と取り組みを向上させる契機にすべき」とする私の主張との綱引きとなった。最終的にどうなったのか？　現在の東京五輪の畜産物の調達基準とその問題については、第６章で述べる。

世界中で、毎年七〇〇億頭近くの家畜が食用に飼育されているという。そもそも、卵や肉はどのようにつくられているのだろうか。帝京科学大学生命環境学部アニマルサイエンス学科の佐藤衆介教授や日本獣医生命科学大学の松木洋一名誉教授、アニマルライツセンターの岡田千尋代表理事の知見も借りながら、世界の動向と日本の現状を伝える。そのうえで、日本としてＡＷにどう取り組んでいくべきかについて考えていきたい。

第1章　鶏——採卵鶏とブロイラーの受難

鶏は本来どのような生き物か

鶏は本来、三〇羽ほどの群れで生活する。朝起きたら羽ばたきをし、羽づくろいをする。砂浴びや日光浴が大好きで、いつも体を清潔に保っている。好きなところを歩き回り、地面をつつくのが大好きで、一日に一万回以上地面をつつき、エサを探して食べる。メスが交代でヒナの面倒をみるなど、社会的な側面をもつという。

砂浴びをするときや食事中は、オスはあたりを警戒して群れを守っている。敵に襲われないように、高い場所に位置する止まり木で眠ることを好み、巣の中に隠れて卵を産みたい本能を持つ。こうした習性は鶏が自然界の中では弱い生き物であるために、培われてきた本能だ。

これが本来の鶏の生き方だとしたら、私たち人間が食べるための卵を産む採卵鶏や、鶏肉になる肉用鶏はどのような暮らしを送っているのだろうか。

四種類ある「採卵鶏の飼い方」

私たちのために卵を産んでくれる「採卵鶏」は、日本に約一億八〇〇〇万羽いる（農水省、二〇一七年度）。一羽の採卵鶏は年間約三〇〇個の卵を産み、日本人は平均して年間三三〇個の卵を食べているのだから、だれもが自分の採卵鶏を一羽以上、どこかに持っている計算になる。さて、〝あなたの採卵鶏〟はどのように飼われ、どのように卵を産んでいるのだろうか。

採卵鶏の飼い方、つまり、卵のつくり方には四種類ある。

B5用紙サイズほどのバタリーケージで飼育される採卵鶏

一つめは「バタリーケージ」である。「バタリー」(battery)とは、鳥かごを積み重ねた立体的な鶏の飼育舎で、「ケージ」は鳥かごだ。

バタリーケージでは、エサは目の前の樋《とい》からついばみ、産んだ卵は前へ転がるよう、ケージは斜めになっている。バタリーケージの一羽当たりの平均面積は通常二〇cm×二一・五cm(四三〇㎠)と、鶏の体よりも小さなスペースだ。このB5サイズほどのケージには、止まり木や巣、砂場などはなく、糞尿が下に落ちて処理しやすいよう、鶏の足元も金網である。

二つめの飼い方は「エンリッチド(より豊かな)ケージ」を用いるものだ。一羽当たりの飼養面積は最低七五〇㎠と広めに設定され、産卵場所、敷き材、止まり木など、鶏の生活環境を豊かにするものを設置することが決められている。

三つめが「平飼い」(多段式も含む)で、屋内の地面に放し飼いにするものである。羽ばたき・羽づくろいのできる空間、砂浴びできる砂、つつける地面、止まれる木、安心して産卵できる巣など、鶏がその本能に従って過ごせる環境である。

　四つめの「放牧」は、屋内だけではなく、屋外にも出て行ける。最も自然に近い環境での飼育方法だ。

日本の現状――「鳥かご」の中の採卵鶏

　日本ではほとんどの採卵鶏がバタリーケージで飼われている。

　畜産技術協会の「採卵鶏の飼養実態アンケート調査報告書」(二〇一五年三月)によると、回答した養鶏場の鶏舎棟数のうち九二％がバタリーケージだ。一羽当たりの飼養面積は五五〇cm^2以下という回答が九三％。大人の掌を広げたとき親指から小指まで二〇cm強だが、一辺がそれぐらいしかない四角形の面積が一羽に与えられた面積だ。

　また、九五％が「一つのケージに鶏を二羽以上入れている」と答えている。狭いケージの中で飛ぶことはもちろん、羽を伸ばすことも歩くこともできない。互いに押し合い踏みつけ合ってようやくエサを食べることができる状態だ。

　残りの五％の一羽ケージのほうがマシというわけではない。多くの現場を見てきているアニマルライツセンター代表理事の岡田千尋さんは、「体を動かせないほどの狭さの上、仲間とのふれあいもなく、隠れることもできず、ストレスが大きくなる」と言う。

　とにかく詰めこんで、エサだけ食べさせて、卵を得ようという、効率重視の卵生産方式である。

　窮屈なだけではない。この調査によると、全体の八三・七％の農場で飼育している鶏は、ヒナのうちにくちばしを焼き切られている(「デビーク」「ビークトリミング」とよばれる)。鶏同士がつつき合い、傷つけるのを防ぐために行われる処置だが、くちばしの切断は、言うまでもなく痛みを伴うし、うまく食べたり飲んだりできなくなる鶏もいるという。

　前に述べたように、鶏は「つつきたい」欲求がとても強い生き物だ。その欲求がケージの中ではかなえられないため、一緒にいる鶏をつついてしまう。草地での放し飼いなどエサを求めて地面をつつける環境なら、鶏同士のつつき合いは減る。ケージであったとしても、「鶏は一本の紐があれば五二日間つついて遊ぶ」という研究結果が示すように、つつきたい欲求を満たすことはできる。

採卵鶏にとってのもう一つの受難が「強制換羽」だ。通常のメス鶏は、秋から冬にかけて二～四カ月間ほど休産するが、その間、古い羽毛が抜け落ちて新しい羽毛に換わる(換羽)。強制換羽とは、一定期間メス鶏にエサを与えず絶食させて、産卵を停止させ、羽毛の生え換わりを人工的に誘起するものだ。採卵できる期間が延びるため、コスト低減につながるとされている。前述の調査では、換羽誘導を「行っている」農場が六六％。そのほとんどが「絶食法」「絶水絶食併用法」で行っている。三羽に二羽は、できるだけ長く安く卵を産ませるために、エサも水も与えられずに、強制的に羽毛の生え換わりを誘起されているのである。

過密飼育されるブロイラー

では、食肉用の鶏はどのように飼育されているのだろうか。スーパーの鶏肉コーナーには若鶏の肉が並ぶ。ここ数年、サラダチキンなどに加工された鶏胸肉がコンビニエンスストアでも人気を集めるなど、「安くてヘルシー」な鶏肉の消費量は増加している。二〇一二年には、それまで日本の食肉の中で消費量が最も多かった豚肉を抜き、以来ずっと一位の地位を保っている。

肉用鶏には「ブロイラー」「地鶏」「銘柄鶏」がある。「ブロイラー」とは、短期間で出荷できるように品種改良で成長速度を早めた肉用鶏を指しており、特定の品種ではない。日本で流通している鶏肉のほとんどはブロイラーだ。

日本では、約一億三五〇〇羽のブロイラーが飼育されており、年間約六億八〇〇〇羽が出荷され

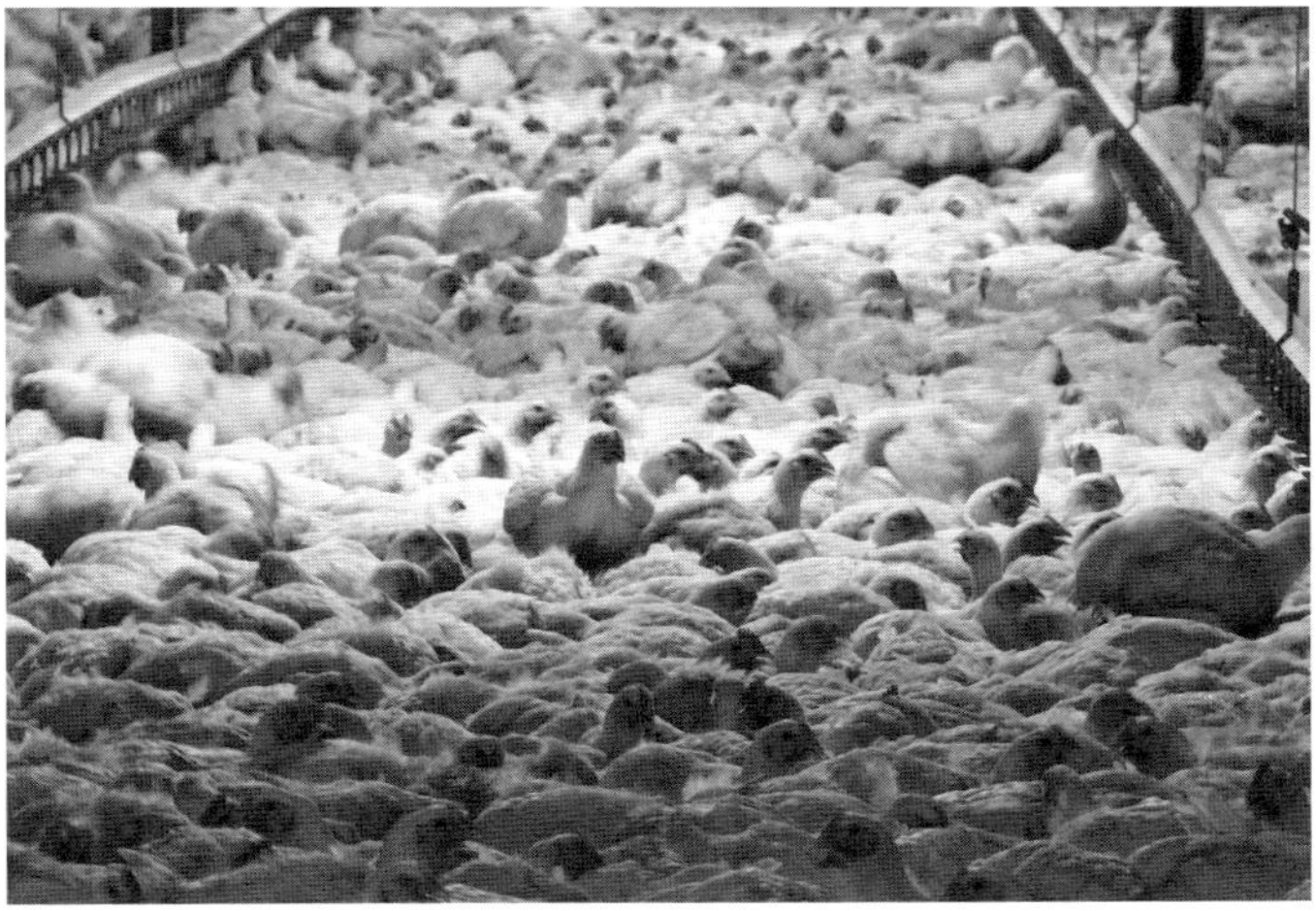

身動きできないほど詰め込んで飼育する「過密飼育」

ている（農水省、二〇一七年度）。飼育数よりも出荷数の方が数倍多いのは、ふ化後五〇日から五六日で出荷されるためである。もちろん、すべてが若鶏だ。

ブロイラーの一生は（生きている間は）、バタリーケージに閉じ込められている採卵鶏に比べれば恵まれていると言えるのかもしれない。ほとんどが小さなケージに押し込まれているわけではなく、鶏舎の床や地面を自由に動くことができるからだ。

しかし、短期間で出荷できるように品種改良されていることからも推測できるように、ブロイラーでも効率を優先した飼育が行われている。その最大の問題の一つは「過密飼育」だ。日本には、肉用鶏の飼育密度に関する法的な制限がない。そのため、日本での飼育密度の平均は一m^2当たり四六・六八kgとなっている。日本では鶏は体重約三kgのときに出荷されるため、出荷直前には、一m^2（標準的な畳の半分くらいの大きさ）に一五羽もの鶏が詰め込まれている計算になる。

なお、ＥＵ（欧州連合）では飼育密度の上限は原則として一m^2当たり三三kgと決められている。日本ではＥＵ平均の一・四倍、最大では一・七八倍もの鶏が飼育場に詰め込まれているのだ。

日本のブロイラーの過密飼育には、欧米に比べて出荷されるまでの日数が長いことも関係している。欧米ではブロイラーは平均二kgの体重で出荷されるのに対して、日本では約三kgだ。同じ面積で飼われている羽数が同じであったとしても、体の大きくなった鶏がたくさんいれば、それだけ飼育密度は高くなる。

なぜ、生まれてたった五〇日ほどで三kgへと大きく育つのだろうか。それは、品種改良とエサのためである。ブロイラーのエサは輸入に頼る「濃厚飼料」だ。タンパク質含有量が高く、短時間での成長を可能にする。カナダのアルバータ大学などの研究によると、五六日齢の鶏の体重は一九五七年には約九〇〇gだったのが、二〇〇五年には約四kgまで成長させられるようになった。半世紀の間に四倍も大きい鶏を育てることができるようになった計算である。

約二カ月のサイクルで次々と鶏を出荷できるのは、生産者にとっては効率が良い。しかし、鶏本来の成長のスピードから言えば、不自然である。実際に、品種改良とエサによって不自然に太らされた鶏は、自らの重みを支えられなくなっている。ＮＰＯ法人アニマルライツセンターが、市場で売られている「もみじ（出汁《だし》などを取るために売られている鶏足のこと）」一七八本を調べたところ、うち一〇五本の足裏に皮膚炎が見られた。重たい体重を支えるのに無理がかかっている上に、地面の衛生状態がよくないことから、足がひどい炎症を起こしてしまうのだ。

ブロイラーの受難は続く。ＥＵでは鶏舎に対して「六時間以上暗い時間をつくること」が義務づけられているが、日本には鶏舎の照明時間についての規制はない。「明るい時間が長ければエサをたくさん食べる」と考えられており、二四時間電気をつけっ放しのブロイラー用鶏舎も多い。飼育密度が高い上に、二四時間明るい環境では、鶏はゆっくりと休むこともできない。寝ていても、一羽でも起き出して動こうものなら、周りの鶏もみんな目を覚ましてしまう。

畜産技術協会が二〇一七年三月に報告している「生産者による自己点検」チェックリストの結果からは、ブロイラー飼養で「一定時間の暗期を設けていますか」に対して、「いいえ」が五七・七%と、半数以上の飼養者が「夜がない環境」で鶏を飼っている現状がわかる。

こうした環境では、鶏の健康に悪影響があることは容易に想像できる。もともと健康に生きるのに適しているとはいえない環境で密集して育てられているため、一度病気が流行《はや》るとあっという間に感染が広がる。そこで病気の予防のために、ワクチンや抗菌薬（抗生物質）が投与されることも多い。家畜の成長を促進するために抗菌薬が使われることもある。

二〇一八年三月末に、ぞっとする新聞記事が掲載された。「厚生労働省研究班の調査で、国産や輸入の鶏肉の半数から抗生物質（抗菌薬）が効かない薬剤耐性菌が検出されたことがわかった」（三月三一日、共同通信配信）というのだ。体力や免疫力が落ちた人の体内に入って感染すると、抗菌薬による治療が難しくなる恐れがある。調査では、約五五〇検体を調べたところ、全体の四九%から耐性菌が見つかったという。国産では五九%、輸入品は三四%と、国産の鶏肉のほうが耐性菌の検出割合が多い。

これは肉用鶏に限らず、家畜全体に関わる問題だ。感染症学会誌によると、日本の二〇一一年の抗生物質使用量は一七四七トンだが、そのうちの五八%にあたる約一〇〇〇トン弱が魚類も含めた動物用医薬品と飼料添加物での使用であった。

世界的には、抗菌薬の予防的な使用と薬剤耐性菌との関係が問題になっている。経済学者のジム・オニール氏は、英国首相の委託を受けて二〇一六年に発表した「抗菌薬耐性に関する考察」の中で、「二〇五〇年には、毎年世界で一〇〇〇万人が耐性菌で亡くなる」と予測している。これは二〇一四年のガンによる死亡者数（八二〇万人）を上回る。欧米でアニマルウェルフェアに対する関心が集まっている理由の一つには、薬剤耐性菌による被害の問題と、「薬漬け」の肉を食べることへの不安がある。

肉用鶏には「ブロイラー」「地鶏」「銘柄鶏」があると述べたが、「地鶏」とは、明治時代までに日本国内に定着していた「在来種」の血液百分率が五〇％以上の鶏で、「二八日齢以降平飼いで飼育していること」「二八日齢以降一m²当たり一〇羽以下で飼育していること」「ふ化日から七五日間以上飼育していること」がJAS規格によって定められている。

日本のブロイラーが出荷直前には一m²当たり平均一五羽飼われていることを考えると、地鶏は一般のブロイラーよりも恵まれた環境で育てられていると考えられる。地鶏を放牧して飼育している業者もある。

なお「銘柄鶏」とは、日本で飼育された、地鶏に比べ増体に優れた肉用種といわれるもので、通常の飼育方法（飼料内容、出荷日齢など）と異なり「工夫を加えたもの」（日本食鳥協会による）である。

採卵鶏のAW対応進む世界

世界で特にAW対応が進んでいる採卵鶏について、他国の動向を見ていこう。採卵鶏の飼育に関しては、バタリーケージ廃止へ、さらにはケージそのものの廃止へと進んでいる。

EUでは二〇一二年一月より従来型バタリーケージが禁止された。一羽当たり面積がそれまでの五五〇cm²から七五〇cm²へと広げられ、止まり木や爪研ぎ、巣箱などを備えたエンリッチドケージがケージ飼育の最低基準となった。スイス、米国の六州、ブータン、インドなどでも、法律でバタリーケージが禁止されている。

また、お隣の韓国でも二〇一八年一月に、「韓国農林水産省が七月から鶏の飼育密度を現行の五〇〇cm^{2}から七五〇cm^{2}に拡げることを明らかにした」との報道があった。これは、近年の農薬問題や鳥インフルエンザを受けて、二〇一八年度の目標として掲げられた「AWの改善」「農場安全管理の強化」「消費者と生産者の間のコミュニケーションツールの整備」の一環。養鶏場の照明基準や強制換羽禁止などを含むAWに関する法律の改正も検討中で、「二〇二二年までに政府は、全国の半分に当たる三〇〇〇の養鶏場・豚の飼養場の改築を支援する予定」とのことである。

また、くちばし切断や強制換羽も、世界は禁止の方向へ動いている。くちばし切断はノルウェー、スウェーデン、ドイツではすでに禁止されており、オランダでも禁止が決まっている。オーストリアでは業界によって禁止され、二〇一五年にほぼ完了している。デンマークでも業界により禁止されることになっている。絶食による強制換羽も、EUやスイス、米国のいくつかの州やインドではすでに禁止されている。

世界では、流通・小売業界でもAW対応の卵への切り替えが大きな動きとなっている。二〇一四年には、オーストラリアのマクドナルドが「二〇一七年までにケージフリーにする」と発表（実際に達成）、米国のスターバックスもケージ飼育の卵の段階的削減を発表した。二〇一五年には、サブウェイが米国、カナダ、メキシコで二〇二五年までにケージフリーにすると発表。世界最大級のホテル企業、ヒルトン・ワールドワイドも世界一九カ国のホテルでケージ卵を二〇一七年までに廃止すると発表したが、日本はこの対象から外れている。二〇一五年、米国とカナダのマクドナルドは今後一〇年間でケージ卵を廃止すると発表した。米国ではこのほかに、ネスレが二〇二〇年までに、デニーズが二〇二六年までに、世界最大の小売店であるウォルマートが二〇二五年までに、ケージフリーにすると発表した。

こうした動きはすでに、実際に販売される卵の割合を変えつつある。英国では二〇〇三年から二〇一一年にかけて、非ケージ卵の割合が三一％から五一％に上昇した。オーストリアでは二〇〇九年の五％から二〇一六年には四〇％に、イタリアでは二四％、ドイツでも五七％に増加している。

日本には、バタリーケージもくちばし切断も絶食による強制換羽のいずれも、禁止・規制する法律は存在していない。小売や流通での意識も低く、米国のマクドナルドやデニーズなどはケージフリーへの移行を宣言しているが、日本のマクドナルドやデニーズでは対応するという発表は現時点では聞いていていない。それでも海外の動向を受けて、日本でもようやくケージフリーを宣言する企業が出てきており、西洋フードコンパスグループ、インターコンチネンタルホテル、ネスレ、ユニリーバなどが宣言している。

みなさんは近くのスーパーやコンビニの棚で、「ケージフリーの鶏卵」を見たことがあるだろうか。「グリーンコンシューマー全国一斉店舗調査二〇一五」の結果を見ると、調査対象となった九七社一二二店舗のうち、七八％の店舗では、ケージフリーにあたる「放牧」「放し飼い」「平飼い」と表示された卵は販売されていなかった。

また、麻布大学獣医学部動物応用科学科の動物資源経済学研究室が行った「平成二六年度畜産関係学術研究委託調査」では、二〇一三年四月から合計五三週間の首都圏（東京、神奈川、埼玉、千葉）における週次の「日経POSデータ」を分析した結果、「平飼い卵」「放飼い卵」「有機卵」といった、AW対応鶏卵と考えられるものの合計シェアは一％前後であったとしている（ケージで有精卵をつくっているところもあるので、「有機卵」だからといってAW対応とは限らないことに注意する必要がある）。

このように、ほとんど「売られてもいないし、買われてもいない」日本の現状は、ケージフリーの卵が全体の半数を超える欧州諸国やオーストラリアとは大きく異なることがわかる。

第2章　豚――効率的生産の背後にあるもの

豚は本来どういう生き物か

豚はイノシシを家畜化した種だ。家畜化されているからといって、狭い檻《おり》の中に閉じ込められることを好むわけではない。

自然の状態におかれると、豚は六〜三〇頭ほどの群れをつくり家族とともに生活する。行動範囲は一〜二五km^2と広い。広い土地でのびのびと暮らしている豚は、とても穏やかで、互いに毛づくろいをし合ったり、巣で一緒に眠ったりと、群れの仲間と仲良く暮らす。出産の際には群れから離れ、巣をつくって産む。数日後に群れに戻る。子育ては群れの他のメスと一緒に行うこともある。

泥浴びが大好きなため、「あまりきれいではないのでは?」と誤解されやすいが、実は豚はきれい好きな動物である。排泄は寝床からなるべく遠い場所で行う。泥浴びが好きなのは、蒸発するのが速い水よりも泥のほうが冷却効果が長続きするからだと考えられている。泥浴びによって、身体についた寄生虫を落とすこともできる。日光浴も大好きだ。日光浴をすれば健康になるし、身体を殺菌することもできる。豚の寿命は一〇年から一五年である。

「鉄の檻」の中の母豚――豚肉のつくられ方

ふだん食卓にのぼる回数も多い豚肉は、価格が安定的に廉価である。なぜそれが可能になっているのだろうか。豚肉を安定供給するために、母豚にできるだけ効率よく子豚を産ませる仕組みができているのだ。

母豚は、発情に合わせて自然交配もしくは人工

自分の体とほぼ同じ大きさの檻(妊娠ストール)の中で一生を過ごす

授精で交配させ、妊娠すると約一一四日後に出産する。二一〜二八日ほどで子豚が離乳した後、七日程度で発情が再開する。それに合わせて妊娠させることで、一年に二・五産のサイクルで繰り返し出産させることができる。子豚は離乳後、子豚だけの育成豚舎に移されて育成され、六カ月後に出荷される。

二〇一七年二月一日現在の畜産統計によると、日本で飼育されている豚は約九三四万六〇〇〇頭で、そのうち、肉豚として販売することを目的として飼育している肥育豚が約七七九万七〇〇〇頭、子豚を生産することを目的として飼育しているメス豚が約八三万九〇〇〇頭である。

これらの母豚たちの多くは、「方向転換も横を向くこともできない」環境で、一生のほとんどの期間を過ごす。六〇〜七〇cm×二〜二・一mという、自分の体とほぼ同じ大きさの鉄の檻(「妊娠ストール」とよばれる)に入れられている。目の前に餌槽と飲水器が備えられ、後ろ半分の床はスノコ構造で、排泄をそこで行わせるために、体の向きが変えられないように幅が狭められている。

妊娠ストールは、母豚の管理（受胎・流産の確認、給餌制限、糞尿処理など）が容易であるという、人間にとっての利便性と効率性から使用されているが、母豚にとっては、方向転換どころか首も左右に四五度程度しか向けられず、食事もトイレも就寝も同じ場所で、ひたすら立っているか座っているかしかない最悪の環境である。畜産技術協会が全国の豚飼養農家（一〇〇〇軒）を対象に行った「豚の飼養実態アンケート調査報告書」（二〇一五年三月）によると、回答した農家の八八・六％がストールを使用している。

放牧中の豚は一日に六〜七時間かけて土を掘り返し、昆虫や植物の根などを探って食べるが、飼育されている母豚のエサの多くは穀物の粉あるいはそれを水で溶いた「濃厚飼料」で、三〇分ほどで食べ終わってしまう。そこには掘り返す土もないし、歩くこともできない。

ほとんどの時間ただ立っているだけの窮屈・退屈極まりない環境で飼育されると、自分の前の柵を恒常的にくわえてかじる「柵かじり」、口のなかにエサが入っていないのに咀嚼《そしゃく》し続ける「偽咀嚼」、水を必要以上に飲み続ける「多飲行動」といった異常行動が出現する。運動ができない環境に置かれれば、骨と筋肉に影響が出ることは言うまでもない。循環器系の病気にもなりやすい。しかも、最近の知見から、妊娠ストールを使わなくても生産性は落ちないことがわかってきているにもかかわらず、使われ続けているのだ。

子豚六カ月の生涯

多くの場合、生まれた子豚にも受難が待ち受けている。生まれるとまず、犬歯の切除が行われる。母豚の乳房や兄弟の子豚を傷つけないようにするためで、ニッパーや電動ヤスリが使われ、麻酔もないまま切除されることが多い。また、生まれて数日以内に尾を切断する。他の豚にかじられて傷つくことを防ぐためだ。そして、肉にオス臭をつけないこと、性行動を弱めることを目的として、外科的去勢が麻酔なしに行われることが多い。

前に述べた畜産技術協会のアンケート調査では、歯切りを行っている農場が六三・六％、断尾を行っている農場が八一・五％、子豚の去勢を行っている農場が九四・六％であった。

帝京科学大学の佐藤衆介教授は、「屋外で放牧飼育すれば、子豚の犬歯を切除しなくても母豚の乳房は傷つかない」と指摘する。アニマルライツセンターの岡田千尋代表理事は、「歯切りは、放牧でなくても、ストール飼育でも廃止できる。実際にやめてみるとたいした害がないため、農家自ら廃止しているところも増えている。ストール飼育でも可能なのだから、今すぐやめるべきではないか」と述べている。

佐藤教授はさらに、「歯切りをしない場合でも、兄弟子豚の傷も表面的なもので、体重増加には影響しないことも知られている。肉生産用豚は六カ月齢一〇〇～一一五kg重という弱齢で屠畜されるため、オス臭や性行動といった問題はそれほどないとの報告もある。適正なエサと十分な水を与え、ワラや掘ることのできる土なども与え、適正な飼育密度で飼うと、『尾かじり』はほとんど起こらないことも報告されている」と指摘する。

妊娠ストール禁止に進む世界

食用豚の飼育に関する世界の動向を見てみよう。豚の妊娠ストールに関しては、ＥＵやスイス、米国の一〇州、ニュージーランドやオーストラリア、カナダなどで禁止されている。

妊娠ストールの禁止に伴い、母豚一頭当たりのエサを自動的に調節しながら群れ飼いをするシステムも開発されている。このシステムは、エサ場に母豚が入ると自動的にゲートが閉まり、一頭ごとにエサの管理をすることができる。母豚の耳についている電子ＩＤによって、設定された量のエサが自動的に出てくる仕組みだ。一つのエサ場を七〇頭で使うことができ、組み合わせれば五〇～三〇〇頭の群れを管理することができる。このほか、欧州食品安全機関（ＥＵの専門機関のひとつ）では屋外で分娩させる方法も研究されている。

去勢、断尾、歯切りについてはどうだろうか。

痛み止めや麻酔なしでの去勢は、デンマーク、オランダ、ドイツ、ノルウェーで禁止されている。

断尾については、スウェーデン、フィンランド、リトアニアで禁止されており、デンマーク、英国、オランダ、ドイツ、スイス、ノルウェーでは、「生まれてから三日以内に限る」といった日数制限などの規制がある。

歯切りについては、ＥＵでは日常的に行うことは禁止されている。デンマーク、ノルウェーでは歯の切断そのものを禁止している。

国レベルでの禁止だけではない。食肉加工会社も次々と妊娠ストールの段階的削減を発表し、調達する豚肉の脱ストール化を進めている。世界第一位の食肉加工会社ＪＢＳ（ブラジル）、第三位の萬洲国際（中国）、第四位のブラジルフーズなどが続々と脱妊娠ストールを発表するなか、世界第五位の日本ハムへ厳しい視線が向けられつつある。

また、流通・小売分野でも、ヒルトン・ワールドワイドやウォルマート、スターバックス、ケロッグ、マクドナルド、バーガーキング、サブウェイなど多くの企業が妊娠ストールの段階的削減を発表しているが、二〇一八年五月現在、これらの企業の日本支店はその対象となっていない。

廉価でタンパク質に富む豚肉は、私たちの食生活を支えてくれる大事な食材だ。欧州のように、できるだけ豚に苦痛を与えずに飼育した豚肉を食べたいと思う。世界ではそう思う人や企業が増え、大きな流れとなってきているのだ。

第3章　牛——自然から大きくかけ離れた状態に置かれて

牛は本来どういう生き物か

牛乳のパッケージに描かれている広々とした牧草地で、放牧された牛がゆったりと草を食《は》む風景は、本来の牛の暮らしをよく表現している。

自然に近い状態で牛が放牧されている牧場に行くと、牛が思い思いにのんびりと座ったり、水を飲んだり、草を食べたりする風景を見ることができる。多くの牛は人が近づいても気にする様子もなく、マイペースだ。牛の寿命は約二〇年である。

牛は毎日六時間以上かけて、約五〇kgの草を食べる。そして、長い時間をかけて反芻《はんすう》する。反芻にかける時間は四時間とも八時間以上とも言われている。反芻とは、胃の中の食べ物を口の中に戻して再びかみ直すことだ。山羊や羊も反芻動物である。

反芻は、消化しにくい草を食べるために行われる。牛には胃が四つある。第一の胃では微生物が草の繊維成分を分解する。第二の胃はポンプのような役割を果たしており、草は口に戻される。第二の胃によって口に戻された草を、牛はかみ直す。牛がエサを食べていない時も、もごもごと口を動かしているのはこのためだ。

第三の胃にはヒダがたくさんある。反芻された草はヒダですりつぶされ、さらに細くなる。第四の胃が人間の胃と同じような消化機能を持っている。こうして、牛は消化しにくい草を食べて必要な栄養を摂《と》ることができる。

日本での乳牛の平均的な一生

しかし、日本では、乳牛も肉牛も、自然から大きくかけ離れた状態で飼育されているのが現状である。

まずは、日本で飼育されている乳牛の平均的な一生をみてみよう。

子牛は生まれると、数日間は免疫抗体を含む母牛の初乳を飲むが、その後母牛から引き離され、メスなら乳牛に育てられる。オスなら食用にされるが、肉牛用の牛ではないため安く取引される。

メス牛が乳を出すためには出産する必要がある。生後一六カ月前後で最初の人工授精が行われ、九カ月後に出産する。初乳の出る出産後五日間ののち、搾乳が始まり、次の人工授精による出産の二カ月前まで続く。こうして一二カ月から一五カ月のサイクルで出産と搾乳が繰り返される。

二〇一三年のデータによると、日本の乳牛は一頭当たり一年に平均八二〇〇kgの牛乳を生産する。中央酪農会議の二〇一〇年のデータによると、一生の間に平均四回出産して一年の多くを牛乳の生産に費やし、牛乳の生産量が落ちてきたりすると食用にされる。その肉も安い価格で取引される。（一般社団法人）家畜改良事業団の二〇一六年のデータ（速報値）によると、乳牛が廃用される除籍月齢は六八・九カ月となっている。

自然に暮らせば二〇年ほど生きる牛だが、乳牛の飼育農家に生まれると、オスならすぐに屠畜され、メスの場合は乳牛として六年弱でその一生を終えることになる。

「つなぎ飼い」の現状

牛の飼い方には、牛舎でのつなぎ飼い、牛舎での放し飼い、放牧の三種類がある。

牛舎でのつなぎ飼いは、ストールとよばれる区画に、牛を一頭ずつつないで飼う方法だ。ストールの面積を調べたところ、その半数程度が、長さ一八〇cm前後、幅一二五～一三五cm、面積にして一・八～二・二m²と、牛の大きさと変わらないのではないかという狭さだった。牛は、エサを食べるときも、排泄をするときも、寝るときも、ずっと

狭い区画の中でつながったまま飼育される「つなぎ飼い」

ストールの中で過ごす。

生産者にとっては、牛同士の争いの心配がなく、健康状態の確認やエサの管理がしやすい。しかし、当然、牛の健康状態には心身ともに影響が出る。運動不足のため歩行すら困難になる牛もいる。満足に動くことができない状態で暮らせば、ストレスがたまるのは当然だ。つなぎ飼いをしている牛には、舌遊びとよばれる行動がよくみられる。これは、舌を上下左右に動かしたり、柵をなめたりする行動で、長時間にわたり繰り返される。「遊び」という名前がついているが、異常行動であり病気である。

また、不衛生な牛舎で感染することの多い蹄病《ていびょう》などの疾病も牛に痛みや不自由さをもたらし、家畜のウェルフェアを損なう。また、牛は寝そべっていることが多いが、体重が重くて同じ体勢でいられないため、頻繁に寝返りをしたり体勢を変えたりする。夜もそうだ。そのときに、多少のわらなどの敷料やゴムマットが敷いてあっても下がコンクリートだと、関節を痛めてしまう。摩擦や打撲、不自然な姿勢が継続することから、関節が炎症を起こし（飛節関節炎）、細菌が入り込むなどして腫瘍化し、壊死《えし》に至ることもある。

この飛節関節炎は、つなぎ飼いや狭い牛舎内での飼育で顕著に見られ、放牧では基本的に見られないという。また、同じつなぎ飼いでも、欧米に比べてわらなどの敷料の量が少なく、たいていは薄いゴムマットが敷いてあるに過ぎないことが多い。下がコンクリートでなくて土であったとしても、同じ位置に居つづけることになれば、七〇〇kgほどの体重で踏み固められつづけるため、コンクリートのように固くなり、関節炎を引き起こしてしまうという。

二つめの放し飼い式の牛舎には、フリーストールとフリーバーンの二種類がある。フリーストール式の場合、寝床は一頭ごとに入れるようにストールに分かれているが、自由に歩き回れるスペースも設けられている。フリーバーン式では、寝床にも柵がなく、牛たちは思い思いの格好で寝ることができる。

三つめの放牧は、牛が戸外でのびのびと自由に移動できる飼育方法で、牛はストレスも少なく、濃厚飼料だけではなく牧草や野草などの食べ物で成長する。

畜産技術協会が日本全国の酪農家を対象とし、五〇五件の調査結果をまとめて二〇一五年に発表した「乳用牛の飼養実態アンケート調査報告書」によると、乳牛をつなぎ飼いしている酪農家の割合は全体の七二・九％、放し飼い式の牛舎は、フリーストールとフリーバーンを合わせて二四・六％であった。放牧については、毎日放牧していると回答した酪農家は一二・五％のみで、七一・五％の酪農家は放牧をまったくしていない。

また、この調査によると一頭当たり二・四m^2未満の面積で飼育している酪農家が七六・六％、その中には一・八m^2以下という回答も五・三％あった。なお、一坪（平均的な畳の大きさで約二畳分）の面積は三・三一m^2なので、二〇頭に一頭は、畳一畳分ほどの面積で飼われていることになる。ちなみに、牛の体長(肩から尾までの長さ)の平均は一七〇cm前後である。

つなぎ飼いの牛舎で、「カウトレーナー」(Cow Trainer)とよばれるものが牛の上方に設置されていることがある。弱い電気が流れるバーである。牛は排泄するときに背中が丸まるので、背中の上部が通常よりも少し高くなる。カウトレーナーはこの時に背中に触れる高さに設置されている。何のためか? 排泄しようとした牛は背中に電気を受けて、一歩後ろに下がる。一歩後ろなら、背中はカウトレーナーに当たらないので、牛はそこで排泄する。つまり、カウトレーナーを設置すれば、牛の排泄物はストールの一番後ろの同じところにたまっていく、というわけだ。

日本ではこのように、カウトレーナーは牛や牛舎を衛生的に保てる道具と考えられており、三三・七%の酪農家で導入されている(畜産技術協会、二〇一五年)。しかし、微弱とはいえ電気が流れていること、また牛のつなぎ飼いを前提にしている点で、アニマルウェルフェアの観点から問題であると指摘されている。

人間に危害を与える可能性があるという理由で、牛の角は生後一~二カ月のうちに切除される。この「角切り」を農場内で行っている酪農家は八五・五%。角切りを行っている酪農家のうち、麻酔を使っていない酪農家が八五・一%ある(畜産技術協会、二〇一五年)。

また、放牧して牛が自由に歩ける環境ならば、牛の爪は自然に擦れて短くなるが、そうでない場合は伸び放題となる。そこで、削蹄師が一年に二回爪を切る。

牛の鼻先には「鼻かん」とよばれる輪がついていることがある。鼻かんを引っ張られると痛いので、牛は言うことをきく。大きな牛を安全に制御するためには鼻かんは必要との声もあるが、鼻かんをつける際は、通常は麻酔なしで、刃物で鼻に穴が開けられる。

その他にも、つなぎ飼いの牛舎の場合、尻尾が床の排泄物に触れて牛の体を汚し不潔であること、また搾乳のときに邪魔になるという理由で、尻尾を切ってしまうことがある。これを断尾とよぶ。断尾の際によく取られるのが、尻尾をゴムバンドなどできつく締める方法だ。二週間程度で細胞が壊死し、尻尾は自然に落ちる。農場内で断尾を行っている酪農家は七・五％ある(畜産技術協会、二〇一五年)。

「濃い牛乳」と「夢の乳牛」

日本の消費者の好みも、乳牛を苦しめている。日本では「濃い牛乳」が美味しい牛乳と考えられているが、この場合の「濃さ」は乳脂肪分の濃度を指している。かつて牛乳のメーカーは、牛乳から脂肪分を取り出してバターなどをつくっていた。そうしたなか、一九七〇年代ごろに「成分無調整牛乳」が売り出され、「濃い牛乳」としてヒットする。その結果、牛乳の濃度が美味しさの基準と考えられるようになった。

こうした流れを受けて、一九八七年には農協などが、独自の基準として、酪農家から買い取る生乳の乳脂肪分を三・五％以上とし、基準に達していない生乳の買取価格を引き下げることに決めた。日本の乳牛で一般的なホルスタイン種の乳脂肪分は三・二〜三・五％だ。一年を通して乳脂肪分三・五％以上の生乳を生産するためには、草に加え「濃厚飼料」を大量に与える必要がある。濃厚飼料とは、前に触れたように、繊維質が少なく、タンパク質や炭水化物を多く含む穀類を主とする飼料である。

消費者の好む「濃い牛乳」を生産するには濃厚飼料を与えるという事情もあって、一九七〇年代前半までは放牧が主流だった北海道でも、牛舎の中で育てられるのが一般的になっていった。

なお、濃厚飼料の原料の八六％は海外からの輸入だ。飼料全体では、日本の飼料自給率は二七％

である（農水省、二〇一八年）。濃厚飼料だけではなく、七割以上の飼料が海外から輸入されているのだ。日本の二〇一六年度の食料自給率（カロリーベース）は三八％であるが、飼料自給率まで計算に入れるとさらに低くなる。

「スーパーカウ」（Super Cow）という言葉を聞いたことがあるだろうか？　品種改良などによって、とてつもない乳量を生産する乳牛である。本来、母牛は自分が産んだ子牛のために乳を出す。子牛のために必要な乳量は年間数百kgから一〇〇〇kgと言われているが、日本の乳用牛の年間平均乳量は八〇〇〇kgだ。これだけでも乳量確保のために乳牛に対して行われてきた品種改変の大きさと、自然ではない乳牛の姿がわかる。そして、年間二万kg以上の牛乳を産出する牛を「スーパーカウ」とよぶ。

酪農家にとっては生産性の極めて高い「夢の乳牛」かもしれない。スーパーカウの有精卵を移植するなどして、スーパーカウを増やそうという動きが各地に見られる。しかし、アニマルライツセンターの岡田代表理事は、「これは牛には大変な負担を強いている。高泌乳量の牛ほど第四胃変位、産前後の起立不能、乳房炎、跛行《はこう》などの病気になりやすいと言われている。自分自身に必要なカルシウムまで、大量の乳と一緒に排出されてしまうことが、起立不能にもつながっていると考えられる。起立不能牛（へたれ牛）はカルシウム治療などをしても治らなければ、屠畜される。また乳房炎予防のために投与されるビタミンの過剰が、生まれる子牛の成長不全、骨の発育異常、全身への石灰沈着を引き起こし、死に至ることもある」と警鐘を鳴らしている。

肉牛が「霜降り肉」になるまで

では、肉牛はどうだろうか。

日本で高級な牛肉と言えば、「霜降り肉」だ。霜降り肉とは、「サシ」とよばれる脂肪が筋肉の間に網の目のように入っている肉のことで、この状態は「脂肪交雑」とよばれる。高級牛肉だけに、その牛たちは細心の注意を払って育てられるが、その環境は牛たちが本来好む環境とは大きく異なる。

まず、肉牛のオス牛は生後二～三カ月の間に去勢される。去勢することで、性格が穏やかになり、肉質が良くなると言われている。

脂肪交雑させるため、牛たちは運動を控えさせられる。運動すると成長ホルモンが分泌されるが、成長ホルモンは脂肪交雑を阻害するからだ。そこで牛たちは安静にして育てられる。また、群れで飼育をすると、アドレナリンの分泌が盛んになり、それにより成長ホルモンの分泌も増えてしまう。だから牛たちは「穏やかな」環境で育てられる。

光も脂肪交雑を進めるには好ましくない。特に肥育の末期には薄暗い部屋で飼う。

また、「霜降り肉」にするために、穀類を大量に混ぜた「濃厚飼料」で育てる必要がある。エサの九割に濃厚飼料が与えられるというから、本来草食の牛たちにとって大変なストレスだ。また日本人の好むサシを入れるために「ビタミン・コントロール」と称して、ビタミンAを欠乏させる技術もある。その結果、失明してしまう牛もいるという。

また、松阪牛協議会のウェブサイトによると、「食欲増進のためにビールを飲ませたり、肉質を柔らかくするために焼酎でマッサージを行ったりする農家もいます」とのことだ。

このように、「霜降り」の脂肪交雑のために、牛たちは、運動もできず、群れにも入れず、さしずめ「箱入り牛」として育てられるが、その環境は「広々とした牧草地に放牧された牛がゆったりと草を食む風景」とは大きくかけ離れたものだ。

なお、乳牛で行われている角切りや鼻かんは肉牛でも行われている。畜産技術協会が二〇一八年三月に発行した「アニマルウェルフェアの考え方に対応した肉用牛の飼養管理指針（第四版）」（畜産技術協会のＨＰにアップされている）では、角切りは、「角突きは、けがや流産の原因になる」といった理由から、牛を飼育する上で有効な手段として認められている（ただし、必要に応じて麻酔薬や鎮痛剤などを使用することが望ましいとされている）。

この指針では鼻かんについても、「牛の移動をスムーズに行うこと等を目的として、鼻環の装着を行う場合がある」としている。なお、EUに食肉を輸出する際の取扱要綱には、「屠場ではロープを使用して角や鼻環を拘束、牽引してはいけない」というルールがあるが、日本国内に出荷される牛に対してはこうしたルールもない。

世界の動向

EUでは、牛の農場での扱いについての法的拘束力のある法律はないが、牛の扱いについてのルールを定めている「勧告」では、断尾が禁止されているほか、外科的な処置をせずに角切りを行うことも禁止されている。英国では角切りについても日常的に行うことは禁止されている。

英国では、「家畜の動物福祉に関する推奨規約」で、「歩行困難な牛がいた場合、治療をしても効果がない場合は、獣医を呼ぶこと」「牛小屋には、強い個体のそばから逃げられるだけの十分なスペースがあること」「好きなだけ横たわったり、立ち上がったりできるようなスペースがあること」など、具体的で細やかな基準が設定されている。

この点について、日本では上述の「アニマルウェルフェアの考え方に対応した肉用牛の飼養管理指針」で、病気・事故などの措置は、「けがをしたり、病気にかかっていたりしているおそれのある牛が確認された場合は、可能なかぎり丁寧に移動・分離し、迅速に治療を行うこととする」（抜粋）とされているが、英国の推奨規約に比べると具体性に欠ける。

英国の畜産動物のアニマルウェルフェア団体Compassion in World Farmingによると、二〇一二年の段階では、EU二七カ国で、放牧をせずに育てられる乳牛は全体の三八％、つなぎ飼いをされている乳牛の割合は全乳牛の二一・五％だ。

ＥＵでも放牧の状況は国によって大きく異なる。放牧をしていない乳牛の割合は、英国では一〇%、フランスでは一五%、スウェーデンでは〇%なのに対して、イタリアでは九〇%、ギリシアでは八五%となる。なお、スウェーデンで「一〇〇%の乳牛が放牧されている」背景には、「夏の間は六時間は放牧しなくてはならない」と定めたスウェーデンの国内法がある。

よく「日本は国土が狭く、人口密度が高いため、放牧ができないのだ」という声を聞くことがあるが、実は牛の放牧をしているかどうかは必ずしも人口密度とは関係していない。たとえば、日本よりも人口密度が高いオランダでの「放し飼いをされない乳牛」の割合は二六%と、日本よりもはるかに低いのである。

第4章　輸送と屠畜におけるアニマルウェルフェア対応

輸送に関する日本の現状と世界の動向

アニマルウェルフェアが求められるのは、家畜を飼育している間だけではない。最後に屠場へ連れて行き、屠畜するときのやり方にも配慮する必要がある。輸送時と屠畜時のAWについて見ていこう。

日本には現在、家畜の輸送についての法的な規定やガイドラインが存在していない（畜産技術協会が検討中とのこと）。肉用の家畜は、輸送中にエサや水を与えないと肉質が固くなるといった生産者にとっての問題が生じるため、給餌や給水、運ばれ方への配慮があるが、採卵鶏は異なる扱いを受ける傾向がある。アニマルライツセンターの岡田代表理事は、「採卵鶏は、その役割を終えて屠畜される際も、コンテナにぎゅうぎゅうに押し込められて、屠場に連れて行かれ、殺されるまでの間、水もエサも与えられないのが現状です」と述べている。

東京都市大学枝廣淳子研究室が、二〇一六年に食肉や卵を扱う四八の日本企業を対象に行ったアンケート調査では、「家畜の長距離輸送を避ける立場を明確にしているか」という質問に対して、立場は明確にしていないものの「経済的な理由などから産地に近い屠場で処理している」、「経済効果やAWの観点から避けている」と回答する企業があった。日本では輸送における配慮もAW以外の観点から行われる傾向であることがわかる。

では、世界ではどうなのだろうか。AW先進国である英国は、「六五kmまで」「六五km以上の距離で八時間未満」「八時間以上」と、輸送の距離と時間に応じて細かい決まりを設けている。

もっとも長い八時間以上の時間をかけて輸送する場合は、車とコンテナの証明書、家畜を載せた車の動きを追跡・記録できる手続き、緊急事態が発生した際の対処マニュアル、運転手と助手の能力についての証明書などを有している必要がある。また、六五km以上の輸送を行う運転手とアシスタントは、講習を受けた上で、資格を取ることが求められている。

英国だけではない。EUでも、二〇一五年から二〇一八年五月にかけて、「EU輸送ガイドプロジェクト」を実施するなど、家畜の輸送についてのガイドラインを周知する活動に力を入れている。

三年間にわたるこのプロジェクトでは、牛、馬、豚、鶏、羊のそれぞれの輸送について、優良事例のガイドブックが作製された。それぞれのガイドブックは四〇～六〇ページとかなりの分量で細かく書き込まれており、さらにガイドブックの要点を簡潔にまとめたものも公開されている。これは、「肉用鶏の捕獲の準備」「牛の積み降ろし」など、それぞれの段階について、A4用紙二枚に収められており、農家や業者が手軽に参照できるようになっている（次頁の図）。例として「ブロイラーを捕獲する」の「輸送の準備として何をするべき？」の部分を紹介する。

ブロイラーを捕獲する
「輸送の準備として何をするべき？」

1　鶏の捕獲作業の七二時間前：捕獲チームを予約し、明確なガイダンスと指示を出す。
2　捕獲四八時間前：輸送者に鶏の数を知らせ、十分な大きさの輸送箱・コンテナ・輸送車を手配する。天候状態も考慮すること。
3　（輸送時間も含めて）一二時間以上肉用鶏を絶食させないこと。（出発前）最大でも四時間を超えて絶食させないこと。捕獲直前まで水を与えること。

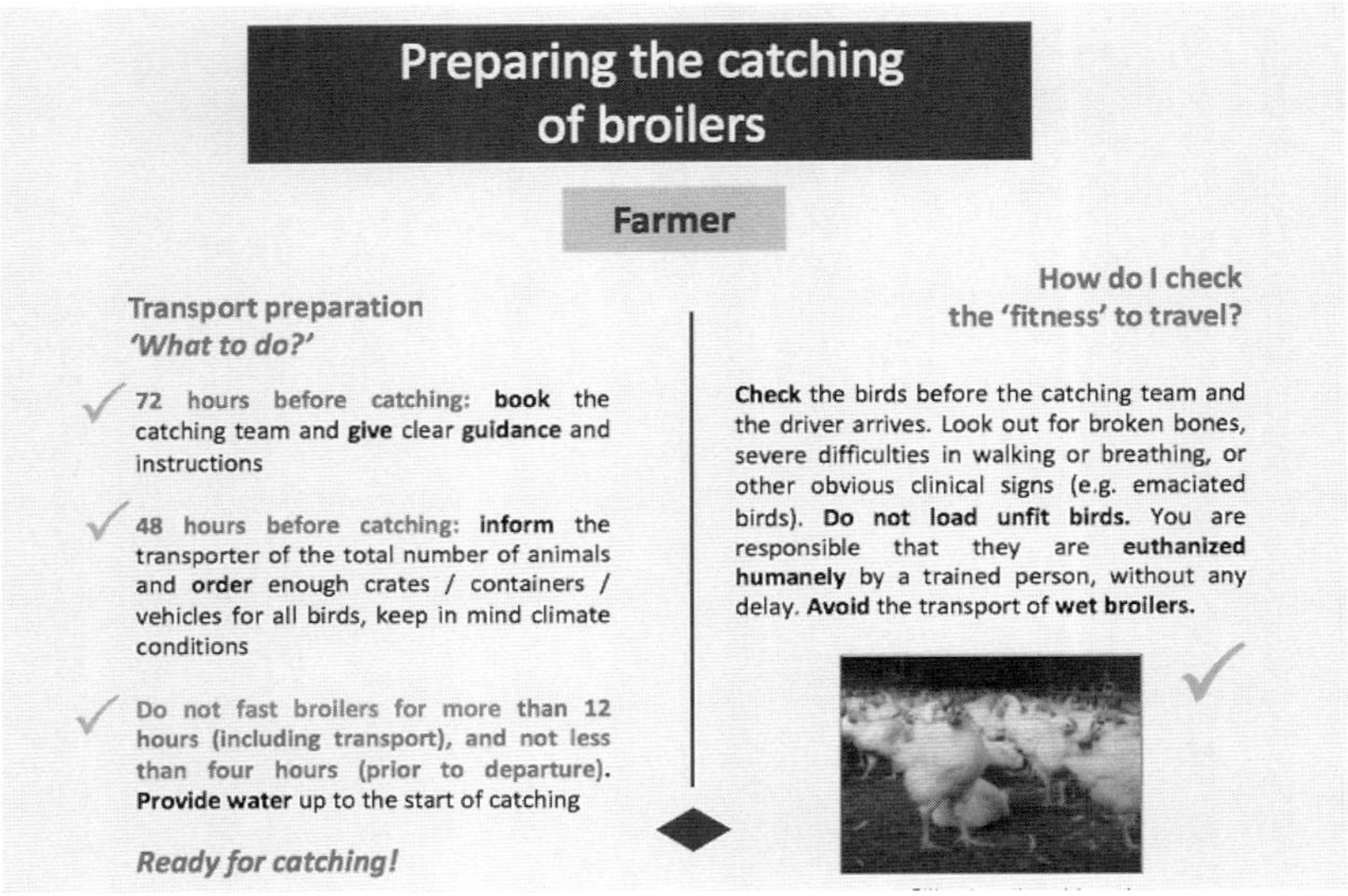

さらに、牛や豚の輸送のプロセス全体をわかりやすく説明する五分程度のビデオもオンライン上で公開されている。なお、このビデオは七カ国語で制作されている。

AWの観点からみた採卵鶏の輸送時の扱い

日本では肉用鶏に比べて、採卵鶏の輸送時の扱いが雑であることを述べた。EUのガイドブックには、「採卵鶏を乱暴に捕獲したり扱うことで骨を傷つけることがないように、特に気をつけなくてはならない」「採卵鶏は、一二時間以上にわたって輸送されることがある」「採卵鶏は、外の気温が一五度以下の場合、壁がない輸送車では、温度ストレスの原因になる可能性がある」など、採卵鶏に関する特別の注意事項も書かれている。EUでも肉用鶏に比べて採卵鶏の扱いに問題があるのだろう。そのことをきちんと認めた上で、改善をよびかけているのだ。

屠畜をめぐる法律

屠畜とは、家畜などの動物を殺すことである。日本の法律では、「動物愛護管理法」（動物の愛護及び管理に関する法律）第四〇条に、「動物を殺さなければならない場合には、できる限りその動物に苦痛を与えない方法によってしなければならない」と書かれており、この法律が家畜にも適用されている。

また、一九九五年には「動物の殺処分方法に関する指針」が発表された（この指針は二〇〇〇年と二〇〇七年に改正されている）。指針では、「殺処分方法は、化学的又は物理的方法により、できる限り殺処分動物に苦痛を与えない方法を用いて当該動物を意識の喪失状態にし、心機能又は肺機能を非可逆的に停止させる方法によるほか、社会的に容認されている通常の方法によること」とされており、苦痛を与えない方法を用いるべきことが明記されている。その一方で、「できる限り」という表現を用いることで「できない場合がある」ケースを想定しているほか、「社会的に容認されている通常の方法による」として、これまで習慣的に用いられていた方法をとることも可能と解釈できる内容となっている。

ＡＷ先進国の英国では、「食肉処理場（屠場）に関する標準実施要領」のガイダンスに、「スタニング（気絶させること）方法について提示すること」「適切に気絶させたか、そして意識の有無をどのようにチェックしたのかについて説明すること」「家畜が適切に気絶しなかった場合には、どうしているかを説明すること」など、細かく定められている。また、検査とペナルティに関するガイダンスでも、抜き打ち検査が行われる可能性があることや、違反した場合は罰金あるいは三カ月以下の禁錮が科される可能性が明記されている。

こうした他国の例と比べると、日本の屠畜に関する法律やガイドラインは、動物福祉についての一般的な考え方は示されているものの、具体的ではないため、実際の屠畜方法をできるだけＡＷに沿ったものとする実効性に欠けていると言えよう。

日本の食肉処理の現状

日本の食肉処理場では、「苦痛を与えない方法」として、牛の屠畜では「ノッキングガン」とよばれる銃によって、牛の意識を失わせる方法が用いられている。ノッキングガンを牛の額に打ち込むと、薬玉が爆発して、三cmほどペン先が飛び出す。ノッキングガンを正しい場所に打ち込めば、牛は瞬時に意識を失う。

豚の屠畜では、頭部に電気を流すことによる気絶処理が一般的だが、炭酸ガスによって仮死状態にする方法の食肉処理場もある。この方法では、豚は一頭ずつゴンドラに載せられて炭酸ガスが溜まっている地下に運ばれ、仮死状態に陥る。

アニマルライツセンターの岡田代表理事は、「鶏にとってはガスのほうが福祉的であることが証明されているが、豚の炭酸ガスによるスタニング方法は、意識を失うまで長く苦しむため、国際的には残酷性が高いとして研究中の段階であり、採用すべき方法ではない」と言う。

大型の家畜が暴れると危険である。そのため、牛と豚の気絶処理は、AWの観点からというよりは、働く人びとの安全のために行われている側面が強いようだ。また肉質への影響も考慮される。豚の場合、通路の途中で動かなくなってしまうと、「電棒」とよばれる電気が流れる棒を当てられて、気絶処理が行われる場所まで連れて行かれる。

後述するＯＩＥ規約では「電気式突き棒や刺し棒は、極端な場合にのみ用いるものとし、動物を動かすための定常的な手段としては用いないこと」とされており、「基本的に当ててはならない」が国際的な基準となっている。

日本では、「電棒を多用すると、豚にストレスが加わって肉質に悪影響が出ることから、あまり何度も電棒を当てないようにしている」という現場の話を聞く一方、アニマルライツセンターの調査では、「業者によっては相当数スタンガンを押し当てているケースがあったほか、殴る蹴る、大声を出す、豚の上を歩く等、相当ひどいレベルのところもあった」ことが見いだされている。

労働者の安全のために気絶（スタニング）処理が行われている牛と豚に比べて、人間への危険が少ない鶏、特に採卵鶏の屠畜の現場の問題は大きいと言えよう。肉用鶏の場合は、ストレスを与えると肉質に悪影響が及ぶという観点から、結果として動物への一定の配慮が守られている。それに対して、屠畜後は缶詰などの用途の肉に加工される採卵鶏は、肉質への配慮がないため、結果的にAWの水準も極めて低い状況にある。

まず、採卵鶏用の屠場は、肉用鶏用に比べて数が少ない。肉用鶏の場合は、長時間輸送は肉質に悪影響が出ると考えられている。そのため、肉用鶏の飼育場が多くある地域には、屠畜・食肉処理場が設けられている。しかし、採卵鶏の屠場は、肉用鶏用とは別の施設であり、数が少ない。そのため、採卵鶏は狭いコンテナに詰め込まれ、屠場まで長時間かけて輸送されることになる。

採卵鶏の屠場の多くでは、鶏は炭酸ガスによって気絶処理をさせられることなく、生きたまま逆さ吊りにされ、首を切られる。その際に暴れると、うまく首を切ることができない。浅くしか首を切られなかった鶏は、血が抜けて死ぬまでのしばらくの間、意識があるままだという。

屠場では午前中から午後の早い時間にかけて屠畜が行われる。受付時間中に屠畜が終わらなかった採卵鶏は、コンテナに詰め込まれ身動きが取れないまま、翌朝まで置いておかれるという。水もエサもとることができず、排泄もその場で行うしかない。こうした状況は、次章で説明する国際的なAWの基準にも反している。

国際機関の定める基準

国際的に影響力を持つ国際獣疫事務局（ＯＩＥ）の規約「ＯＩＥの陸生動物衛生規約『動物の屠畜』」には、「コンテナで輸送された動物は、可能な限り早く屠畜すること。（中略）屠畜のための家禽の輸送は、その場所で一二時間を超えて水が飲めないことのないよう計画すること。到着後一二時間以内に屠畜されない動物は給餌され、その後も適切な間隔で、適度な量の餌を与えること」とある。

日本もＯＩＥの加盟国であるが、日本の屠場にみられる「その日に屠畜されなかった採卵鶏が、コンテナに入れられたまま翌朝まで放置される」現状は、ＯＩＥの規約に明らかに反している。

ＯＩＥの規約では、日本で豚に対して一般的に使用されている電気棒の使用について、「電気式追い立て道具や指し棒は、非常時のみ使用し、動物を移動する目的で日常的には使用しないこと」とされている。ＯＩＥの規約では、許容される追い立て道具として、パネル、旗、プラスチック袋などがあげられている。

この規約には、牛について、「フライトゾーン（近づくと牛が恐怖を感じる領域）」を利用する方法がイラストつきで描かれ、牛にとっての死角がどこか、またどのように動けば牛を前進させることができるかが具体的に説明されている。

日本の採卵鶏の屠場の現状は世界的な基準から大きく外れているが、牛や豚の屠畜に関してはＯＩＥの基準のぎりぎりかやや下回っているレベルであろうか。

「動物の立場に立った」屠畜へ向かう世界の動向

第５章で説明するように、ＯＩＥの基準は世界的な影響力を持っている。ただし、先進国も途上国も同意した上で基準が決められるため、各国の実情に合わせる必要があり、どうしても「最低限のレベルを定める基準」となりがちと指摘される。

それに対して、大手消費者グループや食肉生産者、科学者のグループが、ＯＩＥや各国政府の基準よりも厳しい基準を定め、さらなるＡＷ推進をはかっている。

たとえば、米国の動物学者テンプル・グランディン氏は、屠場のＡＷの評価手法を開発している。その方法は、実際にマクドナルドなどの大手飲食店の基準として用いられている。グランディン氏が開発した評価法は「動物の立場に立った」検査方法であり、以下の数字を記録していくものだ。

1　初回のスタニングが成功し、気絶した家畜や家禽の割合。

2　レールに吊るされた後に意識を失ったままでいる家畜の割合（一〇〇％でなくてはならない）。家禽については、スタニング後に意識を失っているものの割合を測定する。熱湯処理タンクに入る前に一〇〇％でなければならない。

3　輸送中に倒れた家畜の割合（家禽は適用外）。

4　輸送中と気絶処理中、声（悲鳴、唸《うな》り声）を発した牛と豚の割合（羊と家禽は適用外）。

5　電気の鞭によって移動させられた家畜の割合（家禽は適用外）。

「スタンガンが使われているか」といった技術的な基準でＡＷを測定する方法だと、スタンガンの管理方法によっては動物が苦痛を強いられている可能性に目をつぶることになる。グランディン氏の方法は、「動物が苦痛にあっているか、あっていないか」を数え上げる方法のため、ＡＷの実態を測定するには適していると考えられている。

　米国でマクドナルドなどの飲食店を経営する会社がこの方法で検査を行ったところ、この検査を用いる以前、「一度のスタニング処理で、九五％以上の牛が気絶していた」のは三〇％の屠場だけだった。しかし、この評価法に変えてからは、九〇％以上の屠場で「一度のスタニング処理で、九五％以上の牛が気絶」するようになったという。これは、科学者と大手飲食店の協働によって、ＡＷの取り組みを推し進めた好例だといえよう。

　また、グランディン氏は、監視カメラの導入が効果的だと述べている。氏の論文によると、一九九九年に検査を始めた当初は、屠場の従業員はＡ

Wの知識を持っていなかった。そのため、検査員の前で、検査に引っかかるようなことを平気で行っていたという。ところが二〇一〇年になると、従業員は「検査員の前では」優等生的に振る舞うようになった。AWの知識が普及したためだ。このように「検査のときだけ、行動を変える」ことを防ぐためには、監視カメラの導入が効果的だとグランディン氏は述べており、実際に、カーギル社など牛と豚を扱う米国の五会社で導入されたという。

国家レベルで屠場への監視カメラの導入を積極的に進めているのが英国である。英国では二〇一八年五月、イングランドのすべての屠場に監視カメラを導入する法案が可決された。この法律によって、イングランドのすべての屠場は六カ月以内(二〇一八年一一月五日まで)に監視カメラを導入することと定められている。カメラの映像は、最低でも九〇日間は保管することが求められている。

環境・食糧・農村地域省担当大臣のマイケル・ゴーヴ氏は、「英国のAWの水準は世界的にも最高レベルだ。私たちは、この水準を上げ続けることで、世界のリーダーとしての地位を確固たるものにしたいと願っている。屠場における監視カメラの設置を義務化することによって、『英国は、EU離脱後も、高い水準の食料生産を続ける』ことを世界にアピールする」と述べている。

「EUを離脱したら、もうEUの決まりを守る必要はない」という姿勢ではなく、EUを離れてもなお、ますます厳しい基準を守り続けるという英国のメッセージから、世界では、AWのレベルが消費者の食品を選ぶ際の重要な基準になってきていることが伝わってくる。

このような世界の動向に比べて、日本でのAW対応は「輸送」「屠畜」の場面でも極めて不十分であることがわかる。

第5章　世界のアニマルウェルフェアの取り組み

原則としての「五つの自由」とＡＷ

アニマルウェルフェアの枠組みとして世界の共通認識となっているのは、一九六〇年代に英国で生まれた動物の福祉のための「五つの自由」だ。

①　空腹および渇きからの自由（健康と活力を維持させるため、新鮮な水およびエサの提供）
②　不快からの自由（庇陰《ひいん》場所や快適な休息場所などの提供も含む適切な飼育環境の提供）
③　苦痛、損傷、疾病からの自由（予防および的確な診断と迅速な処置）
④　正常行動発現の自由（十分な空間、適切な刺激、そして仲間との同居）
⑤　恐怖および苦悩からの自由（心理的苦悩を避ける状況および取り扱いの確保）

この原則は、畜産におけるＥＵ指令や各国の法令の土台となっている。世界のアニマルウェルフェアを先導する欧州では、どのようにＡＷという考え方が生まれ、進展してきたのだろうか。

佐藤衆介教授の『アニマルウェルフェア　動物の幸せについての科学と倫理』によると、まず英国で、家畜福祉や自然保護の活動家であったルース・ハリソンが一九六四年に出した著書『アニマル・マシーン』により、近代畜産における家畜飼育法の虐待性や薬剤多投による畜産物の汚染が大きな社会問題になった。

それを受けて英国議会が立ち上げた「集約畜産下での家畜のウェルフェアに関する専門委員会」が飼育基準を提示し、さらに正確な基準をつくるために、応用動物行動学の進展が重要であると指摘した。

　飼育方式の基準化の動きはその後西欧に広がり、欧州審議会では家畜のウェルフェアに関する協定が次々と成立した。「家畜のウェルフェア（福祉）を守る発想は、西欧では一九六〇～八〇年代に出現した」と佐藤教授は述べている。

　そういった下地の上に、従来型の工場畜産の見直しを大きく進める契機となったのが、一九八六年に英国で発見されたＢＳＥ（牛海綿状脳症、狂牛病）であると、日本獣医生命科学大学の松木洋一名誉教授は指摘する。「家畜は本来の生理的な行動要求に沿った飼い方をしなくてはいけないのではないかと、食の安全の問題と家畜の福祉がつながった」のである。ちなみに私が米国オレゴン州に取材に行った際にも、「ホルモンや抗生物質を投与されている肉や卵は食べたくない」という食の安全への希求がＡＷ対応商品の需要への大きな原動力であることを感じた。

　ＥＵの基本原則となるアムステルダム条約（一九九九年五月一日施行）では、締約国に「動物保護の改善とＡＷに対する配慮」を求めている。ＥＵの礎となる条約を策定する際に、ＡＷへの配慮が盛り込まれたことに驚きを禁じ得ない。「動物は意識ある存在」と表現し、動物を保護し、ＡＷに配慮するという倫理を、法律による規制へと具現化することに欧州各国は合意したのである。

生産コストは上がるのか

　動物の飼育・輸送・屠畜方法をＡＷ対応にすると、畜産物の生産コストは上昇する。ＥＵの委員会によると、ＡＷに則った飼育方法に改善することによる生産費の上昇は、豚肉では〇・五～一・八％、卵ではケージを広げて八％、ケージ禁止で一六％と試算されている。

　生産コストが高いままでは農家のＡＷ対応は進まない。そこでＥＵでは二〇〇五年を目途に、農業共通政策としてＡＷ対応の遵守《じゅんしゅ》農家に対して補助金を出すことを決定したのだった。

佐藤教授によると「農家一戸当たりの上限額は規定されているものの、年間一家畜単位当たり最高五〇〇ユーロ（約六万五〇〇〇円）」という（家畜単位とは乳牛を一とした場合の相対値で、EUでは肉羊〇・八、繁殖豚〇・五、ブロイラー〇・〇〇七、採卵鶏〇・〇一四であり、各畜種を共通に扱うことができるので、便利でよく使われる指標とのこと）。

当初はケージ卵とケージフリー卵の値段に差があったが、この補助金政策と事業者の努力が相まって、ベルギーなどでは現在はほぼ同じになっているとの報告もある。のちに紹介するが、取材に行ったスウェーデンでも、採卵鶏の飼い方による卵の値段の差はほとんどなかった。

国際機関の取り組み

国際機関の取り組みとしては、二〇〇二年に、国際獣疫事務局（OIE）がAWの作業部会を立ち上げて以来、世界的な影響力を持っている。

OIEは、一九二四年にフランスのパリで発足した世界の動物衛生の向上を目指す政府間機関だ。一九二一年にコブ牛をインドからブラジルへ輸送する際に、ベルギーの港を経由していたことから、コブ牛に由来する牛疫（強い伝染力を持つ家畜伝染病で、牛や水牛に感染すると多くが死ぬ）がベルギーで生じたことをきっかけに、国際間での病気の伝《でん》播《ぱ》を防ぐ目的で設立された。発足時は二八カ国の参加だったが、加盟国は増え続け、現在では日本も含めた一八二の国と地域が加盟している。

なお、OIEという略称は発足当時の名称であるL'Office International des Epizooties に基づいている。組織の名前は、〇三年に The World Organisation for Animal Health に変更されたが、OIEという略称は昔のまま使われている。

OIEが世界的に大きな影響を有しているのは、世界貿易機関（WTO）が関係している。一九九五年にWTOが自由貿易の促進を目的として設立された際、WTOは三つの国際機関と協定を結んだ。食品の安全については国際連合食糧農業機関（F

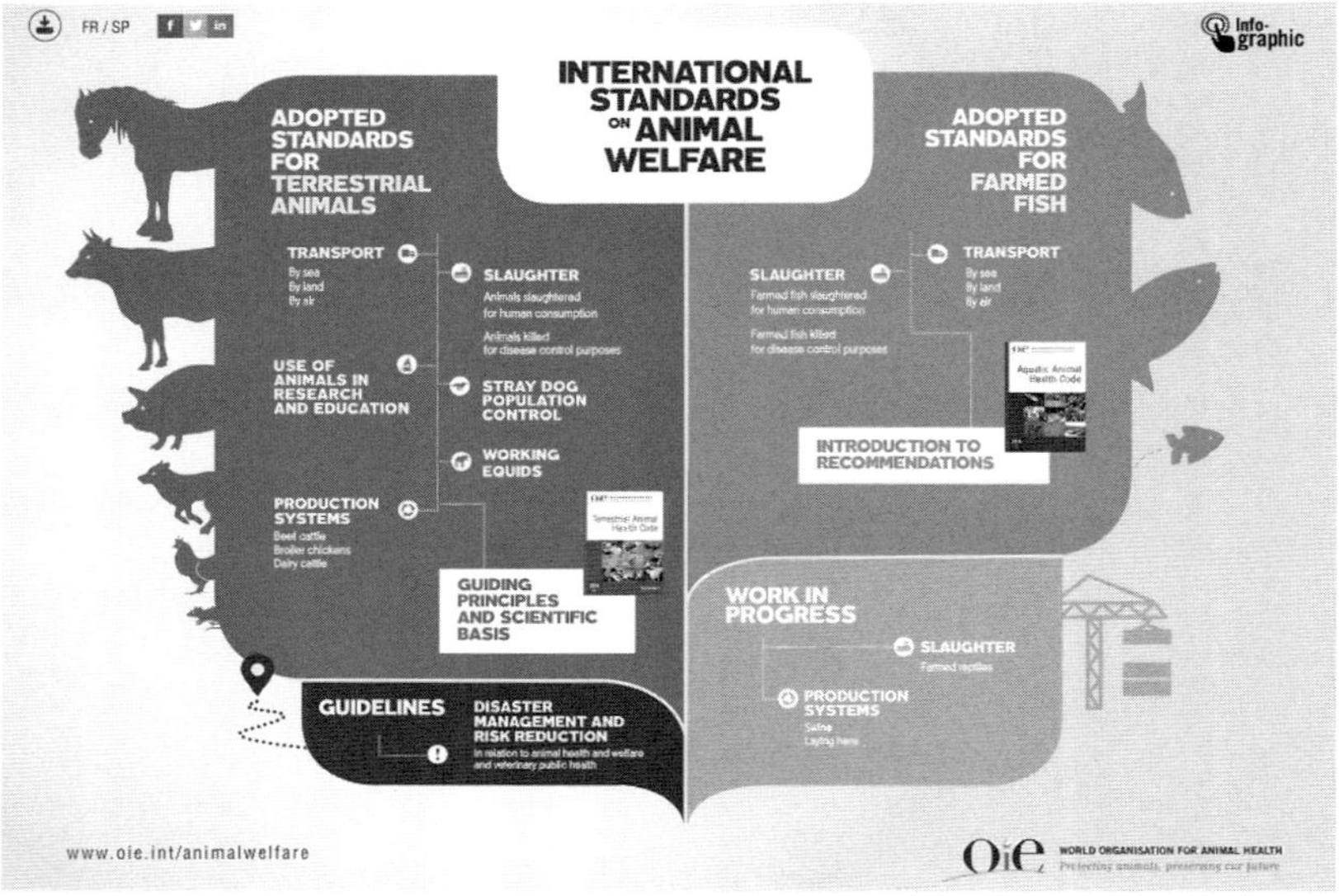

ＡＯ）と世界保健機関（ＷＨＯ）、植物の安全についてはＦＡＯ、そして動物の安全についてはＯＩＥである。各国は、国際貿易を行う際はＷＴＯのルールに従わなくてはならない。ＯＩＥが世界的に大きな影響力を持っているのはそのためだ。

なかでもＯＩＥの「陸生動物衛生規約」と「水生動物衛生規約」は、加盟国や地域が積極的に守ることが勧められているルールであり、両規約のＡＷに関する部分は大きな影響力を持っている。

ＯＩＥのＡＷの規約は、科学的知見に基づいて作成されていることが特徴だ。ＡＷに対する考え方や「動物にとってどのような行為が残酷だと考えるか」は文化によって異なる場合もある。そこで、世界的にＡＷの取り組みを進めるために、みんなが依拠することができるプラットフォームとして科学を用いているのだ。

規約の中で、ＡＷについて何が書かれているのかは、ＯＩＥのウェブサイトのインフォグラフィックを見るとわかりやすい（上図）。

図の左側の「陸に住む動物についての採択された基準」をみると、ＯＩＥが「輸送」「屠畜」「研究と教育における動物の利用（実験動物）」「野良犬の数のコントロール」「働く馬」「生産システム」について規約を設けていることがわかる。ウェブサイトでそれぞれの取り組みをクリックすると「陸生動物衛生規約」の該当部分が表示される仕組みだ（ウェブサイトはすべて英語）。

たとえば「輸送」の陸上輸送をクリックすると、「輸送に費やされる時間は最短にすること」「動物を扱う者は、畜産動物の扱いと移動の経験と力量があり、動物の行動パターンを理解し、自分たちの仕事を行うのに必要な原則を優先すること」といった、輸送に関するルールが表示される。

また図の右側の「養殖魚についての採択された基準」から、「輸送」「締める」に関する「水生動物衛生規約」の内容にアクセスすることができる。このインフォグラフィックを眺めるだけでも、ＯＩＥの取り組みの範囲がわかる。

「陸生動物衛生規約」と「水生動物衛生規約」の作成にあたっては、まず専門委員会が作成した原案が加盟国に配布され、加盟国からの意見を募る。そして、それらをふまえて、専門委員会が内容を修正するというプロセスを繰り返して決定される。そのため、新規の基準や改定案が採択されるまでには通常二年ほどかかる。また、加盟国からの意見をふまえて決められるため、各国の実情に合わせる必要がある。そうした事情から、ＡＷの観点から見ると、理想的な基準というよりは、最低限の基準になりやすいのは前述したとおりである。

日本に関係する一例を見てみよう。つなぎ飼いで牛の排泄場所をコントロールするために使われるカウトレーナーについて、二四ページで説明した。このカウトレーナーをめぐって、二〇一四年二月にＯＩＥの委員会は、「動物の行動を管理するために設計された帯電機器であって、ウェルフェア上の問題発生の増加に結びつくもの（たとえば、カウトレーナー、帯電式ゲート）は、使用されないものとする」という規約案を提案した。

それに対し、日本は「正しく使われている限り、牛に継続的な痛みや苦痛を与えるものではなく、寝わらを良好な衛生状態にし、むしろ高いウェルフェアをもたらす」などとして、「カウトレーナー」を例から外すように求めたのである。

現在のOIE規約では、「動物の行動を管理するために設計された帯電機器であって、ウェルフェア上の問題発生の増加に結びつくもの（たとえば、カウトレーナー）は、使用と管理が適切に行われるものとする」となっている。カウトレーナーの「使用の禁止」を求める内容から、「適切な使用」を求めるものへと弱められている。こうした問題はあるものの、OIEは世界のAWを進める上で大きな役割を果たしていることは間違いない。

国際NGOの取り組み

OIEのような政府間機関以外にも、国際的なNGOによる世界的に影響力を持つ取り組みが行われている。その一例がワールド・アニマル・プロテクションの取り組みだ。この団体は一九五〇年、ロンドンを拠点に活動を始めた動物保護NGOで、六〇年以上の歴史を持つ。現在では、アフリカ、アジア、欧州、北米など一五カ国に地域拠点を持っている。

ワールド・アニマル・プロテクションの取り組みの一つに「動物保護指標」がある。この指標は、世界五〇カ国を、動物保護への関与度や、政策・規制でのアニマルウェルフェアの改善度にしたがってAランクからGランクまでに分類するものだ。総合ランクで最高のAランクに入っているのは英国、スイス、オーストリアの三カ国。最低のGランクに分類されているのはアゼルバイジャン、イラク、ベラルーシ。日本はDランクである。

この指標で測定されているのは、「動物保護の認識」「管理構造とシステム」「AWの基準」「動物への配慮や保護についての教育」「コミュニケーションと認識の促進」の五つの領域だ。ウェブサイトでは、それぞれの領域についての各国の評価を読むことができる。Ｄランクの日本とＡランクの英国の評価を比べてみると、日本の評価が低い一因は「具体的なガイドラインや実施方法が決められていないこと」であることがわかる。

たとえば、日本の動物愛護管理法では、第四四条の罰則規定の中で、「愛護動物」として「牛、馬、豚、めん羊、山羊、犬、猫、いえうさぎ、鶏、いえばと及びあひる」「人が占有している動物で哺乳類、鳥類又は爬《は》虫類に属するもの」をあげており、牛、豚、鶏といった畜産動物が含まれている。しかしこの箇所以外、畜産動物に言及する部分がないことが、このウェブサイトで指摘されている。

それに対して英国では、二〇〇六年に改定された「アニマルウェルフェア法」で、一般的な虐待の禁止についての記載だけではなく、どのように畜産動物を扱うべきかについての規定が設けられていることが評価されている。そのほか、バタリーケージの使用をＥＵに先駆けて禁止したこと、一九九〇年には子牛肉（ヴィール）用の子牛を入れる檻を、九九年には妊娠ストールを禁止するなど、世界のＡＷの取り組みをリードしていることも高く評価されている。

欧州でＡＷの取り組みが進んでいる三つの理由

海外のすぐれたＡＷの事例を紹介すると、「日本は国土が狭いから、ＡＷの取り組みを進めるのは難しいのではないか」と言われることがある。しかし、オランダのように、日本よりも国土が狭く人口密度が高くても、動物保護指標でＢレベルを獲得している国もある。

ここでは、欧州でアニマルウェルフェアの取り組みが進んでいる理由を、「ＥＵ法による規制」「飼育方法の工夫」「国をあげての認証システムの導入」の三点から考察する。

① ＥＵ法による規制

前に触れたように、欧州ではＥＵ誕生以前から、ＡＷへの意識が高く、取り組みが進んでいた。そして、一九九三年のＥＵ誕生以降、ＥＵ加盟国はＥＵのＡＷの基準を守ることが求められるようになったのである。このＥＵ加盟国内の法的な規制は、欧州諸国のＡＷの向上に大きく寄与している。

近年の具体的かつ大きな動きとして、二〇一二年の採卵鶏のバタリーケージの禁止と、一三年の豚の妊娠ストールの禁止をあげることができる。

ＥＵでバタリーケージの禁止が決定されたのは一九九九年だが、一二年間という十分な移行期間が設けられ、農場や事業者は計画的にＡＷ対応を進めることができた。また、ＡＷに配慮している農家には補助金が支給されるなど、ＡＷシフトを行う農場の負担を考慮したかたちで進められている。動物の長時間輸送が問題であることが一般向けパンフレットにも明記されているなど、意識啓発や関係者への周知も徹底している。

ＥＵでは、国か自治体が認可した検査員が農場の立入検査を行うことができる。単に基準を設けるだけではなく、検査員が実際に立ち入って検査を行い、ＡＷ基準にもとっている場合には是正措置を求めることができる仕組みがあるのだ。

欧州委員会が出しているパンフレット『アニマルウェルフェアの四〇年』によると、ＡＷに関するＥＵ法に違反したために警告文が送られたケースが二〇〇件、裁判に至ったケースが二一件あるという。このように、ＥＵ法による基準の設定と規制の仕組みは、国土の広さや人口密度にかかわりなく、ＡＷの取り組みが欧州で進んでいる大きな理由の一つである。

② 飼育方法の工夫

前に触れたとおり、ＥＵでは二〇一二年にバタリーケージの使用禁止が実現された。「鶏を平飼いするような広い土地がない」場合はどうすればよいのか。土地が狭くても、飼い方を工夫することで、ＡＷを進めることができる。たとえば、

エイビアリー式鶏舎

「エイビアリー式」とよばれる採卵鶏の飼育場は、ケージ式のシステムの「狭い場所に設置できる」利点を有しながらも鶏が自由に歩き回れる鶏舎として、スイスなど多くの国で導入されている。

エイビアリー式の鶏舎では、鶏小屋の中に、一見するとバタリーケージに見えるものが、ずらりと積まれている。ただし、ケージエリアの内部は仕切られておらず、鶏はケージの中を上下左右に自由に移動できるほか、砂が敷き詰められている床に降りて砂浴びをすることもできる。自由に歩き回れる二階建て・三階建ての鶏小屋といったところだ。そのまま屋外の運動エリアにつながっている場合もある。

多段構造のケージエリアには、水飲み場とエサ場があり、鶏は喉が渇いたり、エサが食べたくなったりすると、ケージエリアに移動する。さらに高いところには「止まり木」が設けられており、夜は一番高いところで寝ることができる。卵を産むための巣箱は、外から中が見えないように工夫されており、その中で安心して産卵することができる。巣箱にはわずかな傾斜が設けられており、卵は自動的に回収される。鶏はエサ場・水飲み場で糞をする習性がある。この習性を利用し、エサ場と水飲み場のエリアの床は糞が下に落ちるよう網状になっており、排泄物はベルトコンベアで定期的に外に運び出される。

エイビアリー式の鶏舎は、従来型の多段式ケージの「たくさんの鶏を比較的狭い場所で飼える」「卵や排泄物を簡単に回収できる」という、生産者にとっての効率性を残しながらも、砂浴びをしたいときは床で、エサを食べたり水を飲んだりしたいときは二段目へ、卵を産むときは巣箱へ、眠るときは止まり木へと、鶏たちも自然の生活習慣に合わせた形で行動できるシステムだ。

日本でエイビアリー式の鶏舎を導入している養鶏場は、まだ一軒だけだという。こうした鶏舎の導入にはお金がかかるため、普及には補助金などの仕組みが必要だが、「土地が狭くても、AWの向上は可能だ」という心強い実践例である。

③ 認証システムの導入

EUでは、市場経済の力を用いてAWへの取り組みを推進する動きも進んでいる。

二〇〇四年から〇九年まで行われたEUの「ウェルフェア（福祉）の質」プロジェクトは、AWを「食卓から農場まで」つなげるためには、農場でのAWを客観的に評価する基準が必要であるという考えのもとに行われた。

客観的に評価する方法の一つが、認証システムである。一定のAW基準を満たしていることを示す認証ラベルが商品に貼られることで、消費者は品質や味だけではなく、AWの状態によっても商品を選択することができる。こうして、食卓（消費者）の選択が農場に影響を与えるのだ。

たとえば、オランダでは、経済・農業・技術革新省が持続可能食品を保証する手段として認証システムを用いている。この取り組みにはNGOも積極的に関わっている。オランダで広く普及している「ベターレーベン(Beter Leven)」マークは、オランダのNGO、オランダ動物保護協会による認証マークで、取り組みのレベルに応じて星の数が一個から三個までつけられる(左図)。

オランダ動物保護協会はもともと有機畜産と放し飼いを高く評価してきた団体だ。同協会によれば、有機や放し飼いで育てられる家畜は全体の一%以下にすぎない。こうした現実から、「有機畜産や放し飼い以外でも、家畜に優しい畜産が広がることが必要だ」と考え、ベターレーベン(よりよい生活)認証システムを開発した。

具体的に、ベターレーベンの一ツ星から三ツ星の基準を比較してみよう。肉豚用に飼育されている肥育豚の一頭当たり飼育空間については、慣行飼育が〇・七m^2なのに対して、一ツ星は一m^2、二ツ星は一・二m^2、三ツ星は一・三m^2となっている。

ベターレーベンの認証マークがついた食品の売上げも伸びている。二〇一七年の売上げは一四億ユーロで、二〇一六年から五〇%も伸びた。

ベターレーベン認証のもとに育てられた家畜の数も、採卵鶏、肉用鶏、豚、子牛、肉牛を合わせて二〇一七年には三〇〇〇万頭を超えた。小売店でもベターレーベン認証を取り入れようという動きが盛んだ。オランダでは、国内で屠畜され生肉として販売されている豚肉はすべて最低でも一ツ星のベターレーベン基準で飼育されており、また、すべての大手小売店が最低でも一ツ星のベターレーベン認証を受けた豚肉を販売している。

オランダ以外の国で普及している認証マークの一つに、英国の「RSPCA保証」がある。これは、英国のNGOである王立動物虐待防止協会（RSPCA）のAWに特化した認証だ。

英国の豚の二七%、採卵鶏の九〇%（ゲージフリー）、養殖の鮭の六九%がRSPCAのAW基準を満たしている。二〇一八年七月からは、英国のコープ（Co-op）ブランドのすべての豚肉（ベーコン、ソーセージ、燻製、ハムを含む）がRSPCAの認証を受けた農場で育てられたものになると発表された。七月以降は、屋外で生まれ、RSPCAの基準に従って育てられた豚肉がコープブランドとして売られることになる。

米国でも、さまざまなAW関連の認証ラベルが普及している。四つの認証ラベルを紹介する。

AWA（アニマルウェルフェア承認）　家畜が継続的に放牧地にアクセスできること、健康と幸福にとって不可欠な自然かつ本能的な行動ができることを保証する。AWA認証を受けるためには、屠場も監査を受けなくてはならないが、こうした認証ラベルは、米国には二つしかない。

Humanely Raised & Handled（人道的な飼育・取り扱い）　卵、乳製品、肉製品を対象とした認証ラベルで、ケージなどに入れられていないこと、自然に行動できること、抗生物質やホルモンを投与されていないことなどを保証する。

Certified Naturally Grown（自然に育てられた）　米国農務省の有機認証プログラムのガイドラインに準拠し、地元への直接販売を行っている小規模農場に適用される。

Grassfed（エサとして草を与えられた）　反芻動物（牛、羊など）を対象とした認証で、成育期には常に牧草地に行くことができること、一生の間、常に粗《あら》飼料（生草・牧乾草・サイレージなど）を与えられていること、ホルモンや抗生物質を投与されていないことを保証する。

食品にこうした認証ラベルが貼られていることで、消費者は自分たちが食べる卵や肉がどのような環境でつくられているのかを具体的に知った上で、選ぶことができる。

日本でＡＷの取り組みが進まない理由として「消費者からの要望がないから」という声を聞く。しかし、今の日本では、一般の消費者が自分の食べようとしている卵や肉がどのようにつくられているのか、ＡＷの状況を知る手段はほとんどない。

欧州でＡＷの取り組みが進んでいる理由を見ると、国際的な基準や各国の規則、認証システムの導入といった、いわば「上からのＡＷ促進」も重要であるが、そうした食品を選ぶ消費者側の意識をいかに育てるかも不可欠であることがわかる。

第6章　日本の畜産動物が本来の動物らしい生き方をするために

日本政府の考え方

日本では、「アニマルウェルフェア」という言葉やその考え方も、ほとんど知られていないのが現状である。

二〇一六年一二月に、東京都市大学枝廣研究室が「ＡＷに関する意識と取り組み」について、一般の人々三〇〇人を対象にインターネット調査を行ったところ、回答者の九割近くは「アニマルウェルフェア」という言葉を聞いたことがなく、意味を知っていたのは一人しかいなかった。

しかし、日本人が動物福祉をどうでもよいと考えているわけではない。同じ調査で、ＡＷの考え方を説明した上で、「日本の畜産業界もＡＷ重視の方向に変えていくべきだと思うか」を尋ねたところ、「思う」「どちらかといえば思う」との回答が約六割に達した。「現状や問題について知らない」→「関心を持たない」→「消費行動につながらない」→「生産者や流通業者の意識や行動も変わらない」→「変化が見えない」→「知るきっかけがないまま」という悪循環の構造が、これまで見てきたように、世界に比して取り組みの遅れている日本の現状をつくり出しているのだろう。

日本では家畜のＡＷは農水省の管轄である。農水省のホームページには、「アニマルウェルフェアについて」というコーナーが設けられており、このように書かれている。

> 「アニマルウェルフェア」については、我が国も加盟しており、世界の動物衛生の向上を目的とする政府間機関である国際獣疫事務局（Ｏ

> ＩＥ）の勧告において、「動物がその生活している環境にうまく対応している態様をいう」と定義されています。
>
> 家畜がそのような態様にあるためには、家畜の快適性に配慮した飼養管理を行うことにより、ストレスや疾病を減らすことが重要です。
>
> このことは、畜産物の生産性や安全の向上にもつながることから、農林水産省としては、アニマルウェルフェアの考え方を踏まえた家畜の飼養管理の普及に努めています。

そして、肉用牛、乳用牛、豚、採卵鶏、ブロイラー向けに設定されている「畜産技術協会アニマルウェルフェアの考え方に対応した飼養管理指針」を紹介している。

また、「アニマルウェルフェアに配慮した家畜の飼養管理（実践例）」という説明スライドでは、「五つの自由」（三九ページ参照）についても触れた上で、「我が国におけるアニマルウェルフェアの状況」として、「従来より、家畜の飼養管理の一般原則として、『動物愛護管理法』に基づき、『産業動物の飼養及び保管に関する基準』が定められている。このような中、アニマルウェルフェアに配慮した飼養管理を広く普及・定着させるため、『アニマルウェルフェアに配慮した家畜の飼養管理の基本的な考え方について』を策定」「学識経験者、生産者、獣医師、消費者等からなる検討会を設置し、平成二一年から畜種ごとの『アニマルウェルフェアの考え方に対応した飼養管理指針』（肉用牛、乳用牛、ブロイラー、採卵鶏、豚、馬）を作成し、ＯＩＥ指針の改正に合わせて随時改訂」と説明されている。

日本政府のＡＷ対応は、従来からある「動物愛護管理法」＋畜産技術協会の「ＡＷの考え方に対応した飼養管理指針」であることがわかる。これらを見ていこう。

①　「動物愛護」とＡＷの間

日本にある牛や豚、鶏などを対象とした唯一の法律が「動物愛護管理法」だ。しかし、この法律は動物福祉の向上のためにつくられたものではない。この法律の目的は、「愛護」については「動物愛護の気風を招来し、生命尊重、友愛及び平和の情操を涵養」すること、「管理」は「動物による人の生命、身体及び財産への侵害防止並びに生活環境の保全上の支障を防止」することとされている。「管理」の面では、動物ではなく人間を守るための法律であることが明らかである。

そして、そもそもの「愛護」という考え方が他国と大きく異なる特徴的なものだ。佐藤教授は、「この『愛護』がウェルフェアを進展させる上での障害になっているのではないか。愛護とは愛であるから、つながりの中から、配慮を考えていく。つまり、自分と心理的な関係が近いものと近くないもので扱い方が違うということになる。他方、西洋のウェルフェアの考え方は、愛とはまったく関係なく、個体の存在を尊重するということ。個人主義ではない日本では、そういう発想は理解しにくいのかもしれない」と指摘している。

② 畜産技術協会「飼養管理指針」の問題点

では、もう一つの畜産技術協会による「AWの考え方に対応した飼養管理指針」とはどのようなものか。ちなみに、畜産技術協会とは農水省の「法令に基づく事務・事業の委託等を受けている特例民法法人」の一つだ。

国際的には国際獣疫事務局（ＯＩＥ）がＡＷの動きを先導していると述べた。日本もＯＩＥの加盟国である。したがって、ＯＩＥが次々と策定するＡＷ基準に対応していく必要がある。

そこで、「アニマルウェルフェアに関する国際的な動きに対応するため、我が国の実情を踏まえ、家畜別にアニマルウェルフェアに対応した飼養管理の検討を行う」検討委員会が設置され、農林水産省・畜産技術協会が二〇一一年に「アニマルウェルフェアの考え方に対応した家畜の飼養管理指針」を策定した。農水省のウェブサイトにも書かれているように、この飼養管理指針が日本の家畜に対するＡＷ基準となっている。

この指針には、「五つの自由」の実現のためとして、「家畜の健康状態を把握するため、毎日観察や記録を行う」「家畜の丁寧な扱い」「良質な飼料や水の給与」「飼養スペースを適切にする」「家畜にとって快適な温度を保つ」「換気を適切に行う」「鶏舎等の清掃・消毒を行い清潔に保つ」「有害動物等の防除、駆除」といったポイントが記載されている。その目的は、「家畜の能力が引き出され、家畜が健康になり、生産性の向上や畜産物の安全につながる」ことである。

ＥＵのＡＷの根底には「動物は意識ある存在」と表現し、動物を保護し、ＡＷに配慮するという倫理があるが、それに比べて、肉や牛乳や卵を安全に効率よく生産するためという、生産効率の視点が強いように感じる。

さらに、日本の飼養管理指針には、一羽当たりの飼養面積や設備内容などの具体的な規定や記述がない。たとえば、「ＡＷの考え方に対応した採卵鶏の飼養管理指針」を見てみよう。

まず、「採卵鶏の飼養方式には、ケージ方式、平飼い方式、放し飼い(放牧)方式等、多くの選択肢があり、それぞれ特徴を持っている」として、世界的には禁止の方向に進んでいるバタリーケージも他の飼養方式と同じように容認している。その結果、「養鶏場の鶏舎棟数のうち九二%がバタリーケージ」という調査結果が日本の現状なのだ。

採卵鶏の飼養管理指針の「鶏舎」という大項目には「鶏舎を建設する際には、鶏舎内の環境が鶏にとって快適であることに十分配慮することが必要である」と書かれているが、その下の「飼養スペース」という小項目には次のような説明のみで、「最低限、鶏にとって快適な環境とは何か」の規定はない。生産者に一任されているのだ。

「鶏一羽当たりの飼養スペースについては、死亡率を調べた海外の知見等からは、四三〇~五五五cm^2とすることが推奨されるが、必要な飼養スペースは、飼養される鶏の品種(系統)や鶏舎の構造、換気の状態、ケージのタイプ、鶏群の大きさ等によって変動する。そのため、適切な水準について一律に言及することは難しいが、重要なのは、管理者及び飼養者が鶏をよく観察し、飼養スペースが適当であるかどうかを判断することである」

ほかの家畜の飼養管理指針を見ても、それぞれの動物の自然な正常行動の発現への視点も弱く、EUなどでは禁止されている妊娠ストールなどを用いる拘束飼育も禁止していない。

また、この指針はあくまでも「指針」であって「法令」ではないため、強制力もない。動物取り扱いの考え方の紹介に留まっている上、生産者の認知度も低い。畜産技術協会の調査では、この指針の認知度は、豚と採卵鶏の農家では五割を超えているものの、ブロイラー、肉用牛、乳用牛の農家では二～三割に過ぎないという。

アニマルライツセンターの岡田千尋代表理事は、日本の飼養管理指針についてこのように指摘する。

「ＯＩＥでは、加盟国すべてが対応できそうな内容を規定するため、五つの自由の中でも『正常な行動の自由』『精神的苦痛からの自由』が外れる傾向にあるが、日本では、飼養管理指針でも顕著なように、『正常な行動の自由』と、行動の自由がないことによる『精神的苦痛』がさらに重視されない傾向にある。肉や卵の輸出が少なく、世界的な目にさらされてこなかった日本の畜産は、世界的なＡＷの流れから取り残されている」

この指摘は、前に紹介した国際的な動物保護ＮＧＯワールド・アニマル・プロテクションによる畜産動物の保護に関する国際評価を見ても明らかである。日本がＤランクであるのに対して、メキシコやブラジルはＢランク、中国、インド、タイはＣランクなのだ。佐藤教授も「中国やタイは、ＥＵなどに食肉を輸出しているのでＡＷに対応している。日本も高級牛肉などを輸出しているが、今後は世界からの目が厳しくなるだろう」と言う。

農産物輸出を成長産業とする政府の視野にＡＷは入っているだろうか。

二〇二〇年東京オリンピックの食材調達

前に触れたように、二〇二〇年東京オリンピック・パラリンピックの調達基準の議論で、農水省・畜産技術協会は「日本には、ＯＩＥに対応するための飼養管理指針があるので、それで対応すればよい」と言う。しかし、これまで見てきたように、ＯＩＥの基準自体が「五つの自由」のすべてを盛り込んでいるとはいえず、世界の先進的な企業や業界はさらに高いレベルのＡＷへの移行を進めているのだ。

ロンドン五輪やリオ五輪での調達はどうだったのだろうか。アニマルライツセンターは、「ロンドン五輪の調達では、鶏卵は二〇一二年以降ＥＵがバタリーケージを禁止している上、さらに進めて放牧を基準に、オーガニックを推奨とした。鶏肉は平飼い・放牧・オーガニックを推奨。豚肉も妊娠ストールを禁止。牛肉はもともと放牧がほとんどだが、オーガニックを推奨とし、英国マクドナルドが放牧牛乳を使用した。リオ五輪では、鶏卵はケージフリー、牛肉は熱帯雨林への配慮を打ち出し、豚肉もブラジル最大手の企業が二〇一六年までに妊娠ストールを廃止するなど、官民合わせて高いレベルでのＡＷ対応が打ち出されていた」と言う。

このままでは東京オリンピックの食材調達におけるＡＷ対応はロンドン五輪やリオ五輪のときより後退してしまう。

少しずつだが、世界の動向を受けて、日本政府の考え方も変わりつつあるようだ。農水省では、二〇一七年一一月に農林水産省生産局畜産部畜産振興課長通知として「アニマルウェルフェアに配慮した家畜の飼養管理の基本的な考え方について」を出した。

> 我が国では、これまで、専ら健康、生産性の向上及び栄養に着目した家畜の飼養管理の適正化が図られてきた。しかし、近年、家畜の感受

性を理解し、その生態や欲求を妨げることがないよう、アニマルウェルフェアに配慮した家畜の飼養管理が求められるようになっている。

（中略）

農林水産省は、アニマルウェルフェアに配慮した家畜の飼養管理（家畜の快適性に配慮した飼養管理）を行うことにより家畜のストレスや疾病を減らすことは、畜産物の生産性や安全の向上にもつながることから、アニマルウェルフェアの考え方を踏まえた（公社）畜産技術協会による「アニマルウェルフェアの考え方に対応した家畜の飼養管理指針」の策定等を支援するとともに、その普及を図ってきたところである。

しかし、畜産技術協会が同指針に基づく飼養管理の実施状況について調査した結果、給餌や給水等基本的な項目はほぼ全ての農家で概ね適切に行われていたものの、同指針で推奨している方法とは異なる飼養管理が行われている項目も一部見られる状況であった。

今後、畜産物の輸出拡大に向け、また、二〇二〇年東京オリンピック・パラリンピック競技大会においても、持続可能性に配慮した畜産物の調達基準で快適性に配慮した家畜の飼養管理が求められていることから、我が国におけるアニマルウェルフェアに配慮した飼養管理の水準の向上を更に図っていく必要がある。

ついては、アニマルウェルフェアに配慮した飼養管理を広く普及・定着させるため、改めて同指針の基本的な考え方を整理したものを下記のとおり示すので、貴局管内の都道府県に周知するとともに、管理者及び畜産関係者への周知を依頼されたい。

そして、「アニマルウェルフェアの定義」「五つの自由の確保」についての説明があるものの、結局「各畜種における詳細な飼養管理方法等については（公社）畜産技術協会が公表している『アニマルウェルフェアの考え方に対応した家畜の飼養管理指針』及びOIEの『陸生動物衛生規約』を参考にすること」となっている。意識は変わりつつあるが、法規制の導入はおろか、具体的なガイドライン規定にも踏み込めていないといえよう。

東京五輪への注目が集まるなか、農水省は「飼養管理指針」の周知・普及に力を入れている。認知度アップはAWという概念を生産者に広げるためには役立つが、この飼養管理指針への準拠だけでは、世界レベルのAW対応には届かない。

東京五輪の調達については、「街づくり・持続可能性委員会」の下に設けられている「持続可能な調達WG」が議論し、二〇一六年三月に組織委員会から「持続可能性に配慮した調達コード基本原則」が公表された。「原材料調達・製造・流通・使用・廃棄に至るまでのライフサイクル全体を通じて、環境負荷の最小化を図ると共に、人権・労働等社会問題などへも配慮された物品・サービス等を調達する」として、組織委員会がサプライヤー及びライセンシーに求める基本原則が示されている。

「森林・海洋などの資源の保全や生物多様性に配慮した適切な採取・栽培、低炭素エネルギーの活用、省エネルギーの推進、大気・水質・土壌等の環境に配慮した原材料の使用に努めるよう求める」「人権や地域住民の生活、社会の安定に対して悪影響を及ぼす原材料(強制労働により採掘された原材料、紛争鉱物、違法伐採木材等)の使用の回避を求める」「リユース品及び再生資源を含む原材料の使用並びに容器包装等の最小化に努めるよう求める」となっているが、この基本原則には調達におけるAW配慮は含まれていない。

その後、「持続可能性に配慮した調達コード(第一版)」が公表され(AWへの言及はない)、調達コードの一部として、「木材」「農産物」「畜産物」「水産物」の個別基準が策定された。「はじめに」で触れた私と畜産技術協会とのやりとりは、この基準策定過程でのものだ。

「持続可能性に配慮した畜産物の調達基準」の

中からいくつか見てみよう。

> 2　サプライヤーは、畜産物について、持続可能性の観点から以下の①〜④を満たすものの調達を行わなければならない。
>
> ①食材の安全を確保するため、畜産物の生産に当たり、日本の関係法令等に照らして適切な措置が講じられていること。
>
> ②環境保全に配慮した畜産物生産活動を確保するため、畜産物の生産に当たり、日本の関係法令等に照らして適切な措置が講じられていること。
>
> ③作業者の労働安全を確保するため、畜産物の生産に当たり、日本の関係法令等に照らして適切な措置が講じられていること。
>
> ④快適性に配慮した家畜の飼養管理のため、畜産物の生産に当たり、アニマルウェルフェアの考え方に対応した飼養管理指針に照らして適切な措置が講じられていること。

ここでもやはり畜産技術協会の策定した「AWの考え方に対応した飼養管理指針」が基準となっていることがわかる。この指針では、バタリーケージや妊娠ストールによる飼養にも制限がかかっていないのだから、「東京五輪の畜産物の調達基準は、ロンドン五輪やリオ五輪から後退した」と歴史に残ってしまう恐れがある。

しかも、この東京五輪の畜産物の調達基準は、「飼養管理指針」からさらにゆるいものとなっている。続いてこのように示されているからだ。

> 3　JGAPまたはGLOBAL GAPによる認証を受けて生産された畜産物については、上記2の①〜④を満たすものとして認める。このほか、上記2の①〜④を満たすものとして組織委員会が認める認証スキームによる認証を受けて生産された畜産物についても同様に扱うことができるものとする。
>
> ※　JGAPについては、農場運営、食品安全、家畜衛

生、環境保全、労働安全、人権の尊重にアニマルウェルフェアを加えた畜産物の総合的なＧＡＰとして、一般財団法人日本ＧＡＰ協会が平成二九年度より運用開始予定のもの。

ＪＧＡＰとは、欧州を中心に開発され世界に広がっているＧＡＰ(Good Agriculture Practice)の日本版である。日本では「農業生産工程管理」と言う。日本ＧＡＰ協会によると「農産物の安全性向上や環境保全型農業を実践する手法として、一九九〇年代終わりから欧州で普及が進み、二〇〇二年以降に日本でも農水省が導入を推奨して普及が進んでいる」。

ＪＧＡＰは、日本で食の安全や環境保全に取り組む農場に与えられる認証であり、適切な農場管理の基準として、農薬や肥料、水や土、放射能の管理などに基準が定められている。青果物、穀物、茶に加えて、畜産物向けの基準書も作成された。

東京五輪の畜産物の調達基準によると、ＪＧＡＰ認証を受けていれば、東京五輪の畜産物の調達基準をクリアすることができるのだ。ＪＧＡＰの「基準書(家畜・畜産物)」を見ると、「アニマルウェルフェア」の項目がある。ここには「必須」として、「『アニマルウェルフェアの考え方に対応した飼養管理指針』に基づいた対応が行われているかについてチェックリスト(附属書Ⅲ)を活用して、飼養環境の改善に取り組んでいる」「家畜の輸送に当たっては、アニマルウェルフェアに配慮するとともに、家畜の衛生管理ならびに安全の保持および家畜による事故の防止に努めている」の二点が挙げられている。ここでも基準はやはり、畜産技術協会の「飼養管理指針」なのである。

そして、さらに次のように示されている。

４　上記３に示す認証を受けて生産された畜産物以外を必要とする場合は、上記２の①〜④を満たすものとして、「ＧＡＰ取得チャレンジシステム」に則って生産され、第三者により確認を受けていることが示されなければならない。

※　ＧＡＰ取得チャレンジシステムについては、農林水産省の補助事業により実施するものであり、ＪＧＡＰ取得を推進するため、家畜伝染病予防法に基づく飼養衛生管理基準、畜産物の生産衛生管理ハンドブック、アニマルウェルフェアの考え方に対応した家畜の飼養管理指針、環境と調和のとれた農業生産活動規範の各チェックシートをベースに、ＪＧＡＰ取得につながる取組・項目をリスト形式で提示し、生産者が自己点検した内容を第三者（事業実施主体）によって確認するもので、平成二九年度より運用開始予定のもの。

ＡＷ対応が遅れている日本では、もしかしたら飼養管理指針の遵守やＪＧＡＰ認証を取得している農場だけでは東京五輪の畜産物の調達が足りなくなるかもしれない。そこで設けられたのがこの一項ではないかと考えられる。ＪＧＡＰ認証が間に合わないなら、「ＪＧＡＰ認証に向けて取り組みを進めている」ことを生産者が自己点検したものの確認をもって、その畜産物は「ＧＡＰ取得チャレンジシステム」に則っているから調達可能にしよう、というのだ。

佐藤教授は「ＪＧＡＰにはいろいろな項目があり、ＡＷはあくまでその一部。しかも、認証をとるのは大変だろうからと『チャレンジする』と宣言した農家を公表するもの」と指摘する。これだけでは、東京五輪を契機に日本の農家が高いレベルのＡＷをめざす強い原動力にはならないだろう。

佐藤教授は「二〇一六年一二月に、国際標準化機構（ＩＳＯ）とＯＩＥから国際基準『アニマルウェルフェアマネジメント――フードサプライチェーンの組織に対する一般要求事項及びガイダンス』が出された。三年後の見直し後に正式規格になるだろう。日本にもＩＳＯ認証団体があるので、認証を求める農家が出てくれれば日本でも認証が始まる」と言う。

日本の農家にとっては高い要求事項もあるだろう。それでも、二〇二〇年に向けて、農家のＩＳＯ認証取得を支援し、認証された農家の畜産物を東京五輪で優先的に調達することが、畜産物調達の面でも世界に誇れる東京五輪となるとともに、東京五輪をきっかけに、ＡＷ後進国である日本を大きく前進させることになるのではないだろうか。

日本のＡＷを引き上げるために不可欠なこと

日本には、「アニマルウェルフェア」という言葉が登場するずっと以前から、ＡＷの先進事例のような取り組みをしてきた農家もある。

二〇一六年五月、ＡＷに関するセミナーや農場・屠場の見学会などに取り組んできた「北海道・農業と動物福祉の研究会」を法人化する形で、（一般社団法人）アニマルウェルフェア畜産協会が設立され、日々の飼育管理で配慮すべき基準をクリアしていれば、ロゴマークをつけられる国内初の「アニマルウェルフェア畜産認証制度」を創設した。同じく五月には日本のＡＷ畜産実践者が主体となり、流通・飲食店・消費者とともに、ＡＷ畜産の将来価値を高める国内初のコミュニティとして、ＡＷＦＣジャパン（アニマルウェルフェアフードコミュニティジャパン）も立ち上がっている。

一方、消費者側でも「エシカル消費」（倫理的消費）への関心を持つ人が少しずつ増えており、そこには環境配慮やフェアトレードなどの側面に加えて、ＡＷの観点も含まれる。

しかし、社会全般、特に企業の取り組みは、まだこれからというところが多い。前述の東京都市大学枝廣淳子研究室が食肉や卵を扱う四八の日本企業を対象に行ったアンケート調査では、ＡＷへのスタンスや取り組みについて、「まだ回答できる段階にない」など無回答の企業も多く、回答企業でも社名は公表しないとした企業も多かった。

二〇一六年一一月のアンケートに回答を寄せた一二社のうち、一〇社が「事業に関わる課題としてＡＷを認識している」ものの、ガイドラインなどを公表している企業は二社だけだった。「特に取り組みは行っていないが、消費者も理解・必要性を感じていない」「日本国内の市場はまだ無関心で、商業ベースには乗らないため、現状では目標・ターゲットの設定は不要」といったコメントが寄せられた。

これらのことから、生産者側は「消費者のニーズがないから」というスタンスであり、一方、消費者側は、欧米のように認証ラベルも情報提供もない中では「知らない」「選びようがない」状況にあることがわかる。この「卵が先か鶏が先か」という状況を打破して、日本のAWのレベルをせめて欧米並みに引き上げるために不可欠なことが三つあると考える。

一つめは、政府・農水省の中長期的なビジョンに基づいた現実的な移行プランの策定と実行である。現在、世界のAWを牽引《けんいん》するEUでは、たとえば、バタリーケージ禁止などの改善に向けて一〇年ほどの移行期間を置き、補助金などの仕組みを整えて、農家の移行をリードしている。

日本も、OIEの基準が改定されたらそれに合わせて改定する、という対応型ではなく、日本の畜産をどうしていきたいのか、これまで重視してきた生産性とAWを両立させるにはどうしたらよいのか、中長期的なビジョンを打ち出し、実行していく必要がある。指針だけつくって、あとは農家や消費者に任せるという現状のやり方では大きな変革は望めない。

二つめは、飼育基準などの土台となる科学的な分析力の向上である。たとえば、EUの基準は応用動物学、畜産経済学などの専門家による詳細な科学的根拠に基づいており、飼育施設の改善によるコストや生産性への影響も数値化した上で、議論が行われる。

残念ながら、日本にはAWに関わる研究者が少なく、農水省関連の研究機関でもそれほど研究が行われていないのが現状である。先に述べたように民間の認証制度も始まったなか、本当に消費者が信頼できる基準や認証をつくっていく上でも、国として本気で研究などを支援する覚悟と資金が必要だ。アニマルライツセンターが指摘するように、二〇一五年度の日本の畜産動物のAW関連予算は二〇〇〇万円しかない。EUの年間予算は日本円で一四〇億円である。日本は国として本腰を入れてこの問題に取り組んでいるとはいいがたい。

そして、三つめは、消費者である私たち一人ひとりが知ること、意識すること、選ぶこと、声に出すことである。倫理面を考えに入れた上での消費、つまりエシカル消費を実行することだ。

まずは、毎日のようにお世話になっている卵や肉がどのようにつくられているのかを知ることだ。アニマルライツセンターなど、現状と世界の状況をわかりやすく伝える活動をしているNGOもある。書籍やウェブサイトなどでぜひ情報を得て知ってほしい。そして、卵や肉を食べるときには、意識すること。一瞬でもよい、「どこでどのように育てられた鶏の卵なのだろうか?」と思いを馳《は》せてほしい。

そして、選ぶこと。AW対応の卵は高く感じるかもしれない。しかし、AW対応ではない通常の卵が不当に安すぎるのだ。採卵鶏が鶏らしく生きられる環境で飼育されるためのコストは、卵を食べる私たちが払うべきコストではないか。

また、日本ではまだ売り場に置いていないことが多いため、そもそも選択肢がないことも多い。そういうときは声に出してほしい。「お客さまが求めていることがわかれば、平飼いや放牧の卵を置くようにしている」という小売店もある。

畜産動物のAWについて話すと、「どうせ殺して食べてしまうのだから、そんなこと考えなくても」という人もいる。私たち人間も「どうせ死んでしまうのだから、生きている間、人間らしく生きられなくてもいい」と思うだろうか? AWと向き合うことは、実は、「私たち一人ひとりがいかに生きるのか」にも直結しているのだ。

コラム　新技術が突きつける倫理の問題

二〇一二年二月一五日のＷＩＲＥＤ誌（オンライン版）に、「脳なしチキン」プロジェクトという記事が掲載された。英国で建築を勉強している学生が提案したものだ。

「英国の養鶏場では、狭い場所にたくさんの鶏たちが押し込められている。この状況は鶏たちにとって苦痛なものだ。だったら、鶏の大脳皮質を取ってしまってはどうだろうか。鶏はもはや感情を感じない。鶏工場の中で、映画『マトリックス』の主人公たちさながらチューブでつながれて育てられる鶏たちは、ストレスを感じることなく成長する。これは、食料問題と動物福祉の問題の両方を解決する方法ではないだろうか」

この提案は、私たちのニーズと科学技術と倫理との間に生じている問題を私たちに突きつける。成長が速く、大量生産に適した食用鶏のブロイラーのように、人間は品種改良を重ねて家畜を現在の形に進化させてきた。家畜とはそもそも、人間のために改良された動物なのだ。

人間の食肉需要を満たすために、私たちは命のある家畜をどのように扱うべきなのか。現在、日本では人口減少が問題となっているが、世界的には途上国を中心に人口は増加し続けている。また、人々の生活が豊かになるにつれ、ますます食用肉の需要が高まっている。こうした中で、技術によって食料需要増を満たそうという研究が盛んに進められている。その典型例がクローン技術である。

一九九六年にスコットランドのロスリン研究所でクローン羊ドリーが誕生して以来、クローン技術を用いての家畜の研究が進められる一方で、安全性と倫理の問題から議論が続いている。

米国では、米食品医薬品局（ＦＤＡ）が五年間にわたり、クローン技術でつくり出された動物の安全性について調査を行った。その結果、問題がないとして、〇八年にクローン技術でつくり出された動物とその子孫を消費することを承認している。米国、韓国、オーストラリアの企業などは実際にクローン家畜を生産している（ただし市場に出回っているかどうかについては信頼性の高いデータはない)。
一方、クローン家畜に懐疑的なのがEUだ。欧州でも米国同様、EUの専門機関である欧州食品安全機関(EFSA)が発表した報告書で、クローン家畜の安全性を確認している。しかしクローン技術は動物の命に関わる問題であることから、EUでは二〇一三年に家畜のクローンの禁止と、クローン家畜とクローン家畜からつくり出された食肉やミルクの販売を禁止する法案が提出されている。

日本では、内閣総理大臣の諮問機関である科学技術会議が、「ライフサイエンスに関する研究開発基本計画について」の審議でクローン技術の問題を取り上げ、一九九七年に検討結果を答申としてまとめている。答申では「動物のクローン個体の作製は、畜産、科学研究、希少種の保護等において、大きな意義を有する一方で人間の倫理の問題等に直接触れるものではないことから、情報公開を進めつつ適宜推進する」という基本方針が出されている。現在、クローン家畜は、農業・食品産業技術総合研究機構などで、二〇〇頭以上飼育されているが、研究機関内で適切に処分を行うよう通知されており、一般には流通していない。

現在のところ、クローン家畜は市場で流通するには採算性が悪い。また、死産率が高いことなども問題になっている。将来、こうした問題が解決されたとき、私たちは「安全なら食べてもよいのか」といった問題に直面することになるだろう。「脳なしチキン」のように、動物の感覚自体をなくしてしまえば、動物の福祉を損なわずに食料生産ができるという議論も出てくるかもしれない。

そのとき、あなたはどのように考えるだろうか。日本人が食事の前に言う「いただきます」とは、「あなたの命をいただきます」の意味だという。だから、手を合わせて頭《こうべ》を垂れて、その命に感謝していただくのだ。動物はすべて、他の生物の命をいただいてこそ、命をつなぐことができる。

生きるとはどういうことなのか。命とは何なのか。私たちはこうしたもっとも根源的な問いに、哲学書の前ではなく、スーパーの陳列棚の前で直面するようになるのだ。

おわりに

「アニマルウェルフェアの波が来てますよ！　ほんとにね、すごく強く」――二〇一八年五月、取材で訪れていたスウェーデン・ストックホルムで、この国第二位の市場シェアを誇る流通小売大手・アックスフード社の環境・社会持続可能性担当部長の女性が力強く言った。

「牛肉の消費量は少しずつ減っていて、代わりに急上昇なのが植物性タンパク質。年に四〇％の勢いで売上げが伸びてます。豆腐をはじめ、さまざまな植物性タンパク質の食材が登場していて、お肉の代わりに購入されています。理由ですか？　牛肉の生産は温室効果ガスを大量に排出することが知られているので、温暖化への意識と、あとは、健康意識ですね」

「特に若い女性のベジタリアン率は高いですよ。かつては自分らしさを規定するのは『どういう音楽を聴いているか』だったけど、今では『何を食べるか』がアイデンティティになっています。『フレキシタリアン』って聞いたことあります？　フレキシブルという単語を使った造語です。厳密なベジタリアンではないけれど、植物性タンパク質を食べる方がよいと思って、お肉をめったに食べない、という人たちです。魚は食べるとか、赤身の肉は食べないけど鶏肉は食べるとか。すごく増えています。

肉食に関しては、特に女性が気にしていますね。教育のおかげもあるでしょうし、若者に影響力のあるユーチューバーがそういうメッセージを出しているんです。だから、一五歳の女の子が『お肉は食べたくない』と言い出す。すると、家族もフレキシタリアンになっていく。ティーンエイジャーが家族に大きな影響を与えているんですよ」

「なるほど」と私。究極のＡＷは「肉を食べない」ということなのかもしれない。

「スーパーの店頭でも消費者教育をしているのですか?」と尋ねると、こんな答えが返ってきた。

「正面からはやっていないけど、商品棚にオーガニック商品をたくさん並べるようにしています。スウェーデンにはKRAV(クレーヴ)という、AWではEUの基準よりも厳しい認証の仕組みがあるので、それを優先して扱っています。高いレベルの食材を増やすのも大事だけど、低いレベルのものを高めていくことも大事なので、わが社ではプライベートブランド用にベーシックなAW認証システムを設けています。

それから、ベジタリアン向けに食材会社とベジミート(肉を使っていないミートボールやソーセージなど)を共同開発して、肉売り場でお肉の隣に並べています。よく売れてますよ。

みんなの関心が特に高いのは、家畜に対する抗生物質です。EUでは『健康な動物への抗生物質の投与量は、病気の人間への投与量より多い』んですよ。これは大きな問題です。そういう肉を食べていたら、薬剤耐性のためにいざというときに抗生物質が効かないという状況にもなりますから。同じEUでも国によって投与の程度が違うんです。スウェーデンやフィンランドでは抗生物質は主に人間向けに処方されますが、フランス、ドイツ、スペインなどは家畜に大量に投与してますから」

「スウェーデンの人たちは、デンマークで生産された豚肉は安くても買わない人が多いのよ。デンマークの豚は尻尾をちょん切られて飼われていることを知っているから」——取材後に、自宅の近くのスーパー(アックスフードとは別の系列)に買い物に寄ったとき、今回の取材のコーディネートをしてくれた高見幸子さんが教えてくれた。スウェーデン在住四〇年の高見さんは、環境と教育の分野で日本とスウェーデンをつなぐ大事な役割を果たしておられる。

「スウェーデンの基準がいちばん高いことはみんな知っているから、ほら、たくさんのお肉のパッケージに『スウェーデン産』って書いてあるでしょう？　それがウリになるのよ」。たしかに「スウェーデン産」の表示が多い。スウェーデン人の友人アランも「値段が倍だったとしても、デンマーク産よりスウェーデン産を買う」と言っていたなあ。

「卵は？　私、アニマルウェルフェアの勉強をしてから、日本のスーパーではバタリーケージ以外の卵を見つけるのが難しくて、卵を食べるのやめているのですけど」と聞くと、卵の棚に連れて行ってくれた。

「どれもケージフリーよ。スウェーデンでは、卵に関してはコープが消費者を教育したの。かつてはバタリーケージが普通だったからね。コープでは、バタリーケージで飼われている鶏と、放牧されている鶏の飼われているようすを比べられるよう、写真で示してね、消費者に卵を選ばせたの。そして、企業努力で値段の差もなくしたのよ。

その結果、今ではスウェーデンのどこでもバタリーケージではない卵が売られている。ＫＲＡＶはそれにプラスして、農家が自分たちでつくった有機飼料をやること、としているのよ。もちろん、ホルモン・抗生物質の投与はゼロ。それでも値段の差はないわ。企業側も努力をしたからね。

スウェーデンの国営テレビでは、ＡＷ配慮がない農場では、動物たちがどんなにひどい飼われ方をしているかという番組をよく流しているから、人々は意識して選ぶようになっている。オピニオンリーダーやメディアが働きかけて消費者の意識を変え、消費者の要望に応じてスーパーが変わっていくという好循環が生まれて、状況は大きく変わっていったの」

企業の担当者の話からも、スーパーの店先でも、家庭の主婦の実感からも、スウェーデンがＡＷの観点を大事にし、それを販売や購入の実際に反映していることが強く伝わってくる。

「それに引き換え、日本はあまりにも遅れている……」と考え込む私に、高見さんはこう言った。

「スウェーデンだって、最初からそうだったわけじゃないのよ。スウェーデンの状況を大きく変えた女性がいるの。『長くつ下のピッピ』の作者である児童文学作家アストリッド・リンドグレーンよ。一九〇七年生まれのリンドグレーンは、『長くつ下のピッピ』をはじめ多くの児童文学作品を書いて、たしか六〇カ国語ぐらいに翻訳されている。二〇〇二年に九四歳で亡くなったけど、スウェーデンの国民から愛され、尊敬され、社会的な影響力もとても大きい人だった。

彼女がどんな形の虐待もなくしたいと、いろいろな働きかけをしたの。スウェーデンでは、一九七九年に学校だけじゃなく家庭でも体罰が禁止されたんだけど、この法律ができたのも彼女の貢献が大きかった。そのおかげもあって、スウェーデンでは他国に比べて、赤ちゃんの虐待死がとても少ないのよ。

リンドグレーンは、動物への虐待もなくしたいと、アニマルウェルフェアにも取り組んだ。そのおかげで、一九八八年に畜産動物のための法律ができたのよ。当時、牛や豚などは屋内だけで飼われていて、外に出ることができなかった。彼女は、『幸せに生きた家畜をいただくことで私たちも幸せになれる』と働きかけをし、『季節の良い時には外で放牧すること』を定めた法律ができました。こういう法律はEUでも唯一よ。これが大きなきっかけとなって、スウェーデンのAW対応が大きく進み、世界の中でもAW先進国になったのよ」

日本でもきっと、いや、必ず！

その日が一日も早く来るために、このブックレットが少しでも役に立てたら本当にうれしいです。

一緒に執筆してくれた新津尚子さん、専門的知見を共有いただいた佐藤衆介先生、松木洋一先生、現場の知見や写真を共有くださった岡田千尋さん、心から感謝しています。

二〇一八年七月　　　　　　枝廣淳子

枝廣淳子

1962年京都生まれ．東京大学大学院教育心理学専攻修士課程修了．環境ジャーナリスト，翻訳家．幸せ経済社会研究所所長．東京都市大学環境学部教授を経て，現在，大学院大学至善館教授．著書に『地元経済を創りなおす——分析・診断・対策』『好循環のまちづくり！』(ともに岩波新書)，『プラスチック汚染とは何か』『ブルーカーボンとは何か——温暖化を防ぐ「海の森」』(ともに岩波ブックレット)ほか多数．訳書に，レスター・ブラウン他『大転換——新しいエネルギー経済のかたち』(岩波書店)，ウルリッヒ・ベック『変態する世界』(共訳，岩波書店)，アル・ゴア『不都合な真実 2』(実業之日本社)ほか多数．

アニマルウェルフェアとは何か
——倫理的消費と食の安全

岩波ブックレット 985

2018年8月7日　第1刷発行
2023年6月26日　第2刷発行

著　者　枝廣淳子《えだひろじゅんこ》

発行者　坂本政謙

発行所　株式会社 岩波書店
〒101-8002 東京都千代田区一ツ橋 2-5-5
電話案内 03-5210-4000　営業部 03-5210-4111
https://www.iwanami.co.jp/booklet/

印刷・製本　法令印刷　　装丁　副田高行　　表紙イラスト　藤原ヒロコ

ISBN 978-4-00-270985-7　　Printed in Japan